新疆铁路大风监测预报预警系统及防风技术研究

叶文军 汤 浩 潘新民 葛盛昌 等 编著

气象出版社
China Meteorological Press

内 容 简 介

本书介绍了基于新疆铁路大风监测预报预警系统及防风技术研究方面的研究结果,旨在对新疆铁路风区的大风、大风监测、大风预报预警、大风防御研究以及部分成果及其应用等有一个较为全面、系统的了解和认识。全书重点对以下问题做了深入的阐述:新疆铁路沿线风区大风特征;铁路沿线大风监测报警系统;铁路沿线大风预报技术;铁路沿线防风应用技术;主要研究成果及其应用。本书对从事铁路及相关行业大风监测、大风预报、大风预警、大风防御及技术集成等相关科研业务技术人员有重要的参考价值。

图书在版编目(CIP)数据

新疆铁路大风监测预报预警系统及防风技术研究/
叶文军等编著. -- 北京:气象出版社,2019.11
ISBN 978-7-5029-7084-0

Ⅰ. ①新… Ⅱ. ①叶… Ⅲ. ①铁路沿线-大风灾害-
监测系统-研究-新疆②大风灾害-灾害防治-研究-新
疆 Ⅳ. ①P425.6

中国版本图书馆 CIP 数据核字(2019)第 244553 号

新疆铁路大风监测预报预警系统及防风技术研究
Xinjiang Tielu Dafeng Jiance Yubao Yujing Xitong Ji Fangfeng Jishu Yanjiu

出版发行:气象出版社	
地　　址:北京市海淀区中关村南大街 46 号　**邮政编码**:100081	
电　　话:010-68407112(总编室)　010-68408042(发行部)	
网　　址:http://www.qxcbs.com　**E-mail**:qxcbs@cma.gov.cn	
责任编辑:杨泽彬	**终　　审**:吴晓鹏
责任校对:王丽梅	**责任技编**:赵相宁
封面设计:博雅思企划	
印　　刷:北京中石油彩色印刷有限责任公司	
开　　本:787 mm×1092 mm　1/16	**印　　张**:5.75
字　　数:150 千字	**彩　　插**:2
版　　次:2019 年 11 月第 1 版	**印　　次**:2019 年 11 月第 1 次印刷
定　　价:98.00 元	

前　言

本书是在新疆维吾尔自治区科技支撑项目"铁路大风监测预报系统及防风技术研究"（课题编号：20053312301）研究的基础上，吸收与本书主题的相关天气、气候、大风、大风灾害、大风监测及其防御技术研究和应用方面的集成。内容包括了铁路风区大风特征、铁路大风灾害综合风险区划、铁路大风监测报警系统、大风监测报警系统应用软件、铁路大风预报技术和方法、铁路防风安全标准及应用技术、大风监测报警技术及防风指挥体系的信息化集成（铁路大风监测预警软件）等内容。本书同时介绍了铁路沿线大风形成机理和数值模拟结果，各类型列车安全运行条件的现场试验和数值模拟，著名的"百里风区"风荷载值的分析计算研究成果等。

新疆的大风自古闻名，唐代诗人岑参曾以"轮台九月风夜吼，一川碎石大如斗，随风满地石乱走"的诗句来形容新疆风之大。据考证，唐朝时期的轮台就在今天的奇台一带，正对着新疆寒潮大风天气（西北风）下风方向的著名风区"百里风区"。兰新线自开通运营以来，遭遇过多次大风灾害，给铁路的运输生产带来了巨大的经济损失和严重的社会影响，使新疆成为我国乃至世界上铁路风灾最严重的地区。如本书作者之一葛盛昌教授级高级工程师所言，铁路风沙灾害研究是个"古老而无止境"的研究课题。因此，大风天气中保证列车安全运行、提高运输效能是新疆铁路和气象工作者几十年来不断探索和实践的重大课题。

本书分为引言、铁路风区大风特征、大风监测报警系统、大风预报技术、防风应用技术、成果应用等6章。

要研究大风预报和大风防御技术，就必须了解新疆的天气和气候，特别是新疆铁路沿线的大风成因、大风强度、大风分布、大风规律。因此，本书第2章首先介绍了铁路沿线风区大风成因、大风分布、大风区划、大风造成的主要灾害等新疆铁路沿线大风特征。

要研究大风就必须了解和掌握大风的原始数据资料，而20年前新疆铁路沿线的大风监测是一片空白，从1999年开始新疆维吾尔自治区气象局和乌鲁木齐铁路局合作，在铁路沿线风区建立大风监测站，至今已经建立了83个铁路沿线风区大风监测站，其资料填补了铁路沿线风区空白，对新疆各相关行业的大风预报、预警、防护等技术研究十分宝贵。本书第3章介绍了铁路大风监测报警系统，并详细阐述了铁路大风监测报警系统构成及工作过程、设计标准、主要功能、系统软件等。

铁路沿线风区大风预报对铁路部门行车调度十分重要，本书研究人员在铁路沿线大风精细化临近预报技术方面做了大量研究，利用数值预报方法，经过本地订正后的预报产品、预报准确率正逐年提高。本书第4章介绍了铁路沿线大风预报技术方法和实现路线，通过对阿拉山口、铁泉、十三间房的风速、风向相关性分析，建立了"百里风区"大风模式预报方程，对预报结果进行检验，完成铁路沿线风区大风预报模式业务化运行。

风区铁路运输的安全不仅仅建立在大风监测、预测、预警信息之上就万事大吉，沿线风区地形地貌的复杂性、线路的曲线半径、列车车型、载重等等至关重要。本书提出了新疆铁路沿线风区防风安全体系的概念，该体系由大风监测报警系统、线路防风工程设施、大风天气列车安全运行办法以及大风预测预警行车指挥系统等部分组成。本书第 5 章介绍了新疆铁路沿线多种防风应用技术,详细阐述了列车横向风受力分析、车辆气动力系数与来流风速的关系、车辆气动力系数与列车运行速度的关系、各型车辆临界倾覆风速计算分析过程,经过现场试验分析了挡风墙防风效果,研究制定了大风天气列车安全运行标准等。

第 6 章介绍了本书研究成果在除铁路行业之外的应用,研究获得的"百里风区风荷载取值报告"填补了本领域本地区空白。

本书由叶文军、汤浩、潘新民、葛盛昌分工撰写并由叶文军、汤浩统稿和校稿。闫宏凯、魏刚、周斌、焦阳、刘艳、赵斐、马亚伟、阿不力米提江·阿不力克木、赵克明、安大维、周雅蔓、胡东北、孙鸣婧等参与了编写工作。

在完成本书研究工作中,新疆维吾尔自治区气象局副局长何清研究员、新疆维吾尔自治区人工影响天气办公室王旭研究员都曾给予非常重要的帮助。在此谨向他们表示诚挚的感谢。

本书的研究和出版得到了新疆维吾尔自治区科技支撑项目"铁路大风监测预报系统及防风技术研究"(课题编号:20053312301)、新疆维吾尔自治区科技计划项目"新疆大风沙尘暴灾害性天气数值预报技术研究"(201433112)、中央级公益性科研院所基本科研业务项目"基于高分辨率区域数值模式的新疆大风精细化预报技术研究"(D-I2013001)、新疆维吾尔自治区气象局重点项目"大风智能网格预报技术研究"(ZD201903),以及新疆维吾尔自治区气象灾害防御技术中心、新疆维吾尔自治区气象台、新疆维吾尔自治区气象服务中心的资助,在此,一并致谢。

由于时间仓促,科学认识水平有限,书中难免有误,敬请读者指正。

叶文军

2019 年 10 月

目　　录

第1章 引 言

1.1 综述

由于新疆独特的环境和气候条件,造成了新疆局部地区气候异常,在特殊地区形成了若干风口(李江风,1991)。唐代诗人岑参曾以"轮台九月风夜吼,一川碎石大如斗,随风满地石乱走"的诗句来形容新疆风大。新疆主要风口有阿拉山口、达坂城(三十里风口)、七角井(百里风区)、天山—马鬃山(烟墩风区)、安西风区等,仅兰新铁路风区线路就长达 525 km。大风是威胁新疆铁路运输安全的主要灾害,根据《新疆通志》第 49 卷"铁道志"及有关资料记载,自兰新线、南疆线通车以来大风引起列车脱线、颠覆事故 30 次,吹翻客车 7 节、货车 110 辆,而因大风引起的晚点、停运造成的损失更是无法计算,直接经济损失超千万元,间接经济损失超亿元,社会影响巨大。在国民经济飞速发展的同时,铁路也在提速,列车从原来的每小时 50～60 km,提高到现在的每小时 160 km,兰新第二专线(高速铁路)将超过每小时 250 km,列车在高速运行时的抗风问题更加突出。

本研究在中国铁路乌鲁木齐局集团有限公司(原乌鲁木齐铁路局)现有大风监测系统的基础上,增加"百里风区"和"三十里风口"大风预报相关因子(气象要素)的自动监测,利用风区宝贵的实时和历史资料,以及气象部门现有的(例如:雷达、卫星、欧洲数值预报产品等)气象资料,实现"百里风区"和"三十里风口"大风短时预报方法和技术的突破,建立相关预报模式,并利用计算机技术自动处理、预测未来 1～12 h 的大风变化趋势。通过对挡风墙有效遮蔽区和列车安全运行速度以及主要车型抗风能力的研究,提出更加科学的大风天气条件下的列车组织运行管理办法和风区防风、抗风实用技术,形成一套系统、高效的铁路防风安全体系。在列车调度中心集成行车指挥系统、风区大风实况、预测、警报等信息产品在中国铁路乌鲁木齐局集团有限公司调度指挥中心自动显示报警或解除报警,供列车调度决策者使用,为行车调度指挥提供科学依据,提高运输效率和管理水平。

本书是阐述了我们在新疆近 20 年对铁路大风、风区、监测、预报、预警以及大风灾害防御技术研究的基础上,根据新疆铁路沿线的实际情况,研制出的一套切实可行的短期、短时临近铁路大风预报系统和防风技术。本书研究内容的实施在很大程度上满足了铁路和其他社会各界的需求,同时研究所取得的经验和成果,为今后开展其他气象要素的短时、临近预报方法研究打下了良好的基础,在提高预报业务水平,尤其是短时、临近预报水平方面起到积极的推动作用,也将为进一步拓宽气象服务领域,促进气象事业的可持续发展,发挥重要作用。

本书介绍的新疆铁路大风监测预报预警系统及防风技术研究成果将推动新疆乃至全国铁路行业在天气灾害监测、预报、预警方面的技术进步。在全国高速铁路和高速公路的建设和运营管理中具有推广价值。对提高铁路部门调度管理的科技水平,加强全国铁路防灾减灾系统的应用技术研究均具有现实指导意义。

1.2 主要研究成果

1.2.1 大风预报技术

大风精细化短期、短时临近预报自动化系统。通过对大风成因机制和各种预报方法的研究,利用气象卫星,多普勒雷达、加密自动观测资料和 T213、欧洲数值预报模式产品,建立预报时效在 24～96 h 的大风天气过程预报系统和预报时效在 3～6、6～12、12～24 h 的大风全程、渐进、滚动趋势预报系统。

1.2.2 大风防护技术

根据铁路沿线大风监测数据、模拟风洞实验结果和现场列车运行实验及多年来积累的科研业务经验,研究铁路主要车型的抗风稳定性,挡风墙防风效果,以及各类型列车安全运行速度,研究制定科学合理的新疆铁路大风天气列车安全运行办法。

1.2.3 大风监测报警技术及防风指挥体系的信息化集成

建立了铁路大风安全行车指挥系统。根据铁路运输的需要,建立了新疆铁路沿线大风监测预警系统,构筑大风气象信息共享平台;大风监测数据可进入铁路部门办公网,实现了网上实时数据显示、网上大风信息的统计、查询和分析。

1.3 成果的社会经济效益

新疆历史上由于大风引起的各种安全事故不少,新疆铁路由于大风造成的列车脱轨、倾覆和停轮等造成运输中断、旅客滞留,在社会上造成了很大的影响。从大的方面讲,它影响到新疆在境内外的形象和投资、旅游信心;从气象部门来说,预报不够准确、不能确定准确的通车时间,也面临着来自政府和社会各界的较大压力。本书作者在新疆铁路防风气象服务中于 2000 年首次参与开发建立风区大风监测站;2002 年 4 月首次实现风区大风监测站组网,实现数据实时共享;2002 年 10 月首次将蒲氏风力分级标准引入新疆铁路技术规范中,将铁路沿线大风监测实时数据显示的风力划分为 17 个等级,更加贴近铁路沿线"三十里风口""百里风区"的实际,方便铁路部门各级管理、科研、业务人员对风区实况的了解和理解,同时对当时新疆的大风天气预报从 12 级向更加精细的 17 级分级预报过度是极大的促进。新疆铁路大风监测预报预警系统及防风技术研究提高了专业气象服务时效,增强了专业气象服务能力,使铁路部门和社会公众感觉到大风的预报准确率有较明显的提高,很大程度上缓解了各方的压力,同时提高了气象部门、铁路部门在全社会中的地位和形象,社会效益十分显著。

达坂城至吐鲁番(三十里风口)不仅是新疆的主要风口,而且分布着著名的旅游胜地,同时它们又位于由乌鲁木齐通往塔里木盆地的主要交通干线上。所以,旅行社和单位、团体、个人可以根据我们准确的预报,合理地安排旅行线路和出行时间,避免不必要的损失。

1.3.1 铁路运输效益

铁路大风监测预报预警系统及防风技术通过有效合理的调度,保障大风天气下列车运行安全,提高铁路运输的效能,减少停运和滞留旅客带来的损失,在历次大风天气中保障铁路行车安全发挥了重要作用,经济效益和社会效益都十分显著。

实时大风监测报警系统和防风工程,有效地预防或避免了大风事故给铁路运输造成的巨大经济损失,多年来对保证铁路大提速、提高运输效率发挥着至关重要的作用,同时为大风天气下的各种抢险救灾提供科学的决策依据。该系统提供的全程滚动短时临近预报信息,既方便调度部门在起风时针对不同的车型进行必要的停运,也可在风力即将减弱时做好恢复通车的各项准备工作,加之科学合理地利用现有防风措施和列车自身防风能力,更大地提高运输效率,减少灾害损失,增加运输收入,经济效益巨大。

1.3.2 填补风区测风资料空白

本书介绍的新疆铁路沿线大风监测报警系统,其大风监测站点主要选址在新疆铁路沿线风口地区。2000年前,铁路沿线测风主要靠风区风口车站职工利用手持风向风速仪人工观测、记录、上报路局调度中心,由于手持风向风速仪有量程限制(风速小于40 m/s)和大风条件下人工观测的困难程度,因此,铁路沿线大风资料记录在2000年前几乎没有。1999年前铁路沿线大风区没有正规气象台站,现在铁路沿线"百里风区"的十三间房气象站是1999年1月从七角井迁移来的,因此,大风数据一直是空白。自从2000年开始新疆铁路大风监测报警系统建立后,铁路沿线风区大风监测站逐年增加,到目前为止新疆铁路沿线大风监测站共计83个,其各风区大风数据填补了资料空白,不仅如此,2010年基于铁路沿线大风监测资料加工分析研究,取得的《新疆"百里风区"风荷载取值报告》填补了"百里风区"风荷载取值的空白。

第 2 章　铁路风区大风特征

2.1　大风成因

众所周知,风是由于空气的流动而产生的,这种流动由两种情况引起:一种是因温度差异引起,热空气上升,冷空气补充热空气上升后的空档,由此形成风;另一种是高空气流辐合或辐散所致。这两种情况都加大了大气在水平方向上的气压差。我们常说"水往低处流",空气也一样,从气压高的地方向气压低的地方流动。气压差别越大,空气的流动越快,风速也就越大。

新疆之所以多大风,首先和新疆所处的位置有关(张学文 等,2006)。新疆地处西风环流区,受西西伯利亚冷空气的影响和副热带高压的影响,春夏之交盛行西风和西北风。新疆是我国西风带上游,是我国著名的多风地区。其次,新疆多大风还与新疆的地形地貌有关。新疆有两大类地貌:山地和盆地,山地约占 40%,盆地约占 60%。新疆的地理特征是"三山夹两盆"。"三山"是指阿尔泰山、天山和昆仑山,"两盆"是指塔里木盆地和准噶尔盆地。新疆地域辽阔,有"三山两盆"之称。天山山脉自西向东,将新疆分为南疆和北疆。北疆在天山和阿尔泰山之间形成了准噶尔盆地,盆地中心为古尔班通古特沙漠,沙漠腹地气温较高。

以吐鲁番地区兰新线著名的"三十里风口"和"百里风区"为例(图 2.1),较弱的冷空气受天山山脉的阻挡而堆积,主要影响北疆北部及东疆地区,当冷空气持续并足够强,而越过天山山脉时,冷空气将沿天山山顶顺势而下形成大风,影响北疆全部甚至南疆地区。由于天山山脉海拔高,"吐鄯托"盆地海拔低、气温高,冷热空气交换形成大风,由于冷空气较热空气重,受重力加速度影响,风力会越来越大,寒潮天气越强、风越大、影响范围越大。此外,因天山山脉有若干断裂带,冷空气从断裂带通过,由于狭管效应,再次使得冷空气加速,风力陡增,而形成特大风区,容易造成严重风害。东西走向的天山山脉在吐鲁番盆地交汇处有七八处开口,发生"2·28"火车倾翻事件的珍珠泉就是其中之一。另外,造成大风的天气系统具有移动缓慢、持续时间长等特点,使回旋在这一带的冷空气得到补充得以不断增强,在这些风口、风区,又有许多山口、谷口、拉沟等局部特殊地形,由于局部地形更加复杂,而形成的更小的山谷喇叭口因狭管效应使得冷空气再次加速,而形成风力更加强劲的风口,最后风力达到 68.2 m/s(实测)。

新疆铁路多为东西走向,铁路路基多沿山前洪积扇修建(图 2.1),列车基本沿天山山脚行驶,由于冷空气翻越天山后形成下坡风,在重力加速度作用下风力更加强劲,因此,受强风影响十分严重,灾害频繁。

吐鲁番素有"陆地风库"之称。2007 年 2 月 28 日 02 时 05 分,5807 次列车运行至南疆铁路珍珠泉附近时,因瞬间大风造成该次列车机后 9 至 19 位车辆脱轨,我们使用 WRF 模式对造成 5807 次客车侧翻的强下坡风暴进行了数值模拟和诊断分析,提出了本次强风的形成机理模型,主要结论如下。

(1)北方强冷空气东移南下过程中受天山山脉大地形阻挡在其北侧形成深厚堆积,与此同

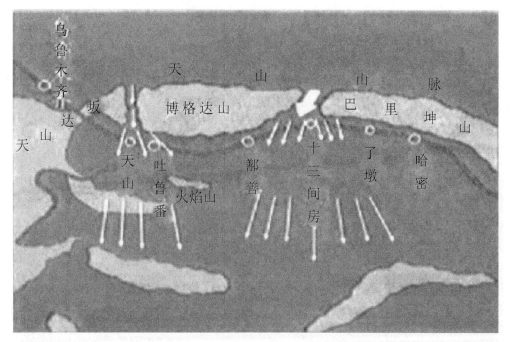

图 2.1　兰新线著名的"三十里风口"和"百里风区"示意图

时天山南侧塔里木盆地热低压发展,天山两侧形成强气压梯度。在气压梯度力的作用下,冷空气爬坡进入天山中部的峡谷(天山达坂与博格达山之间),受狭管效应作用形成穿谷急流,风速超过 35 m/s,为下坡风暴的形成提供了能量。

(2)穿谷急流自北向南穿越天山峡谷北缓南陡的非对称地形时,地形的阻挡强迫产生沿峡谷传播的大振幅重力波,重力波在背风坡产生水跃形成背风波,将穿谷急流的能量向地面输送。重力波位相倾斜导致波破碎形成湍流活动,加剧了波能量的向地面输送,从而形成地面下坡风暴。

(3)大气层结增强了下坡风暴的强度,峡谷北端迎风坡的不稳定层结,有利于气流抬升爬坡引入峡谷,而峡谷南端背风坡逆温层及强稳定层结加强了上层能量向地面输送的下沉运动的发展。背风坡低空存在风向切边的临界层,临界层对吸收上层波能量向下传播,再次增大了输送到地面的能量,使下坡风达到极端风暴强度。

2.2　大风分布

新疆全区有九大风区,其中 5 个在北疆,3 个在吐鲁番、哈密盆地,1 个在罗布泊地区。新疆最著名的"四大风口"是阿拉山口风口、托里老风口、七角井风口和达坂城风口。新疆铁路主要风口风区分布在兰新线、南疆线、北疆线、奎北线、塔克线、哈罗线、临哈线、南疆西延线等(图2.2)。

在吐鲁番盆地有两个最著名的风区,"三十里风口""百里风区",每年大风日数都超过 100 d。如图 2.1 所示,铁路沿线"三十里风口"从天山(K1825+950)至大河沿(K1796+000),长约30 km,因天山达坂与博格达山间谷口形成;铁路沿线"百里风区"从鄯善县小草湖西(K1596+150)到哈密市的了墩(K1496+125),长约 100 km,因博格达山与巴里坤山间谷口形成。"三十里风口"上方的达坂城,本身就是新疆九大风区之一,"一年一场风,从春刮到冬",就是对达坂城多风的描述。达坂城的大风穿过更为狭窄的白杨河谷,与来自天山达坂与博格达山间谷口风力进一步聚合增大,最终可产生吹翻火车的巨大的瞬时风力。火车穿出河谷带,由大河沿向库尔勒、阿克苏进发时,行进方向变为由东向西,与偏北的主风向几乎垂直相交,使整个车体成为一个受风面,自然难以抗御 55 m/s 以上的风力。

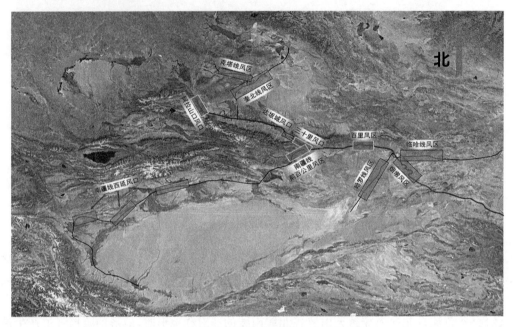

图 2.2　新疆铁路沿线主要风口风区示意图

新疆大风以春季最盛(新疆维吾尔自治区气象局,1985),按月论为 4—6 月,风速最大的地方即各风口。比如西北边境的阿拉山口,5 月份平均风速为 8.1 m/s,哈密的三塘湖,4、5 月份平均风速为 7.5 m/s。而月平均风速最大的是"百里风区"的十三间房,4 月份达 13.2 m/s,仅次于长白山安图天池的 13.7 m/s(12 月),位居全国第二。造成危害最大的是极端风速。在新疆最大风速超过 40 m/s 的地方不少,有乌鲁木齐、克拉玛依、达坂城、若羌、托克逊、阿拉山口等地,其中克拉玛依的最大风速达到 46 m/s,瞬间最大风速达到 49 m/s,而阿拉山口则留下了 55 m/s 瞬间风速的最高纪录。值得一提的是这些记录都出自于国家基本气象台站,在未设气象台站的地方,估计超过上述记录者还有不少。再者,由于气象观测仪器自身技术条件限制,2000 年前绝大多数气象台站安装的 EL 型电接风向风速仪只能观测小于 40 m/s 的最大风速,因此有许多大风数据并未记录下来。

2.3　大风区划

2.3.1　气象灾害风险区划方法

新疆铁路气象灾害风险区划是基于自然灾害风险指数法,根据新疆铁路主要气象灾害(大风、沙尘、积雪和洪水)特点修正建立的。自然灾害风险指数法理论认为,铁路气象灾害(大风、沙尘、积雪和洪水)是致灾因子危险性、孕灾环境稳定性、承灾体脆弱性等因子综合作用的结果,即:新疆铁路气象灾害风险度=稳定性×危险性×脆弱性(包含暴露性、抗灾能力等)新疆铁路气象灾害风险表达式为:

$$D_i = D_F^{w_1} \times D_E^{w_2} \times D_O^{w_3} \tag{2.1}$$

式中,D_i 表示灾害风险指数,D_F 为致灾因子强度指数,D_E 为孕灾环境系数,D_O 为承灾体潜在易损性指数,w_1、w_2、w_3 表示致灾因子、孕灾环境、承灾体对灾害风险的贡献,即权重。

最后,采用自然断点分级法(natural breaks classification)加经验修正将灾害分线分为 5 个等级,即低风险区、次低风险区、中等风险区、次高风险区及高风险区。

自然断点分级法用统计公式来确定属性值的自然聚类公式的功能就是减少同一级中的差异、增加级间的差异。其公式为:

$$SSD_{i-j} = \sum_{k=i}^{j} (A[k] - mean_{i-j})^2 \quad (1 \leqslant i < j \leqslant N) \tag{2.2}$$

也可表示为:

$$SSD_{i-j} = \sum_{k=i}^{j} A[k]^2 - \frac{\left(\sum_{k=i}^{j} A[k]\right)^2}{j-i+1} \quad (1 \leqslant i < j \leqslant N) \tag{2.3}$$

式中,A 是一个数组(数组长度为 N),$mean_{i-j}$ 每个等级中的平均值。

2.3.2　新疆铁路大风灾害综合风险区划

2.3.2.1　大风灾害危险度分析

利用 8 级以上大风日数和极大风速均值来表示大风灾害的频数和强度分布情况。8 级以上大风日数越多,大风发生越频繁,极大风速均值越高,当地可能发生的大风强度越大,大风灾害发生的危险度越高。对以上 2 种影响因素进行分析,并结合两种影响因子的不同贡献程度,将大风日数空间分布和极大风速均值空间分布分别赋予权重 0.55 和 0.45,得到新疆铁路沿线 50 km 缓冲区内大风灾害危险度空间分布(图 2.3)。

从新疆铁路沿线 50 km 缓冲区内大风灾害危险度空间分布图中得知:北疆的布尔津县、吉木乃县、克拉玛依市、托克逊县及阿拉山口风区、达坂城风区和十三间房风区、伊吾县淖毛湖等地是大风灾害致灾因子的高危险区;北疆的哈巴河县、福海县、和布克赛尔蒙古自治县、额敏县、精河县等地为次高危险区;和田地区、喀什地区东南部、阿克苏地区南部、北疆沿天山乌苏至乌鲁木齐一带,以及伊犁地区的伊宁县、察布查尔锡伯自治县、特克斯县和巴州的和硕县、博湖县等地是最低危险区。

2.3.2.2　新疆铁路大风灾害综合风险区划

致灾因子、孕灾环境、承灾体和防灾能力的相互作用共同对大风灾害风险时空分布、易损程度造成影响,灾害形成即承灾体不能适应或调整环境变化的结果。总之,在大风灾害风险评价的过程中,这四者缺一不可。因此,利用 AHP 建立铁路沿线主要气象灾害风险区划指标因子的判断矩阵表(表 2.1),经计算得到致灾因子、孕灾环境和承灾体易损性三个指标因子权重(表 2.2),综合影响新疆铁路大风灾害的致灾因子、孕灾环境、承灾体潜在易损性(承灾体物理暴露程度和防灾能力),利用 IDW 插值为 0.05°×0.05°的格点数据,根据新疆铁路气象灾害风险表达式(2.1)计算各格点的风险指数,最后,利用自然断点分级法将沿线洪水灾害风险区划

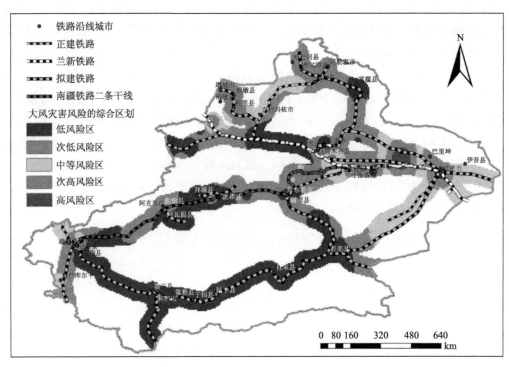

图 2.3　新疆铁路沿线 50 km 缓冲区内大风灾害危险度空间分布(彩图见书后)

分为低风险区、次低风险区、中等风险区、次高风险区及高风险区五个等级,实现对新疆铁路大风灾害风险的综合区划。如图 2.4、2.5 所示。

表 2.1　新疆铁路沿线主要气象灾害风险区划指标因子判断矩阵表

因子	致灾因子	孕灾环境	承灾体潜在易损性
致灾因子	1	3	2
孕灾环境	1/3	1	3
承灾体潜在易损性	1/2	1/3	1

表 2.2　新疆铁路沿线 50 km 缓冲区内大风灾害综合风险区划评价指标权重

准则层	权重	评价层		权重
致灾因子	0.5396	平均极大风速		0.45
		8 级以上大风日数		0.55
孕灾环境	0.2970	高程		0.1394
		植被覆盖度		0.3317
		地形粗糙度		0.1972
		地形起伏度		0.3317
承灾体潜在易损性	0.1634	暴露性	人口密度	0.4934
			地均 GDP	0.3108
			人均 GDP	0.1958
		潜在抗灾能力	人均 GDP	1

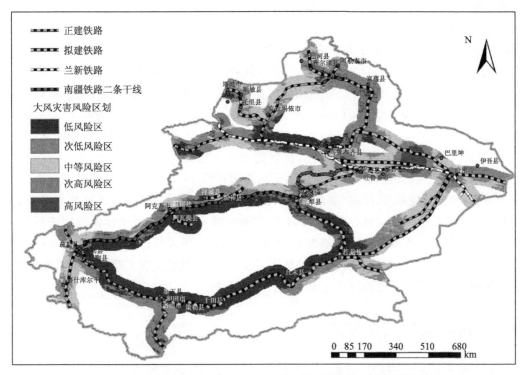

图 2.4　新疆铁路沿线 50 km 缓冲区内大风灾害风险综合区划图(彩图见书后)

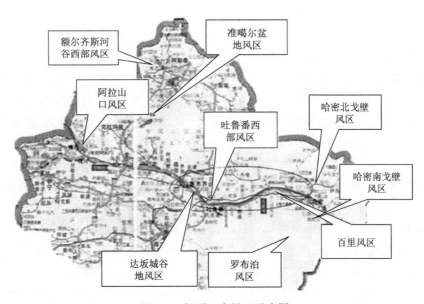

图 2.5　新疆 9 大风区示意图

由图 2.4 和图 2.5 可见,新疆铁路沿线 50 km 缓冲区内大风灾害风险高风险区位于"百里风区"和阿拉山口风区。从乌鲁木齐市沿高速公路向东南行 8 km 就是著名的新疆达坂城"百里风区",途经兰新铁路红旗坎站—小草湖站—红台站—大步站—十三间房站—红层站—了墩站,全长 123 km 的区间。该区间一年 320 d 都在刮八级以上大风。阿拉山口是全国著名风口,有风速大、持续时间长、年际变化小、季节性强等特点。次高风险区位于吐鲁番西部风区、

9

哈密北戈壁风和哈密南戈壁风区。其中,吐鲁番西部风区又名小草湖风区、三十里风区。受地理位置和气候因素的影响,在吐鲁番路段大河沿至小草湖间形成独特的风区,俗称三十里风区,这里长年大风不断,特别是春、秋两季,经常出现 8 级以上大风,瞬间风力可达到 12 级;三塘湖盆地风区属新疆九大风区的哈密北戈壁风区;哈密南戈壁风区位于新疆哈密市东南约 100 km,骆驼圈子东的戈壁滩上。中等风险区位于额尔齐斯河谷西部风区,由于地处沙吾尔山、阿尔泰山之间,地势平坦开阔的额尔齐斯河谷常年有溯流而上的强风,分布于哈巴河县、布尔津县境内。次低风险区位于罗布泊风区。罗布泊镇属大陆性干旱气候区,夏季酷热,冬季严寒,昼夜温差大,蒸发强,降水极少,多风,属新疆九大风区之一,年平均风速 6 m/s。吐-哈盆地是天山东部一个大的山间盆地,其中沙化土地总面积约 16 万 km²,是西伯利亚冷空气南下的主要通道,加上盆地低洼、闭塞、炎热,气压低,具有明显的热岛效应,春末夏初大风频繁,形成强烈的风蚀作用。年降雨量在 50 mm 以下,气候干燥,和塔克拉玛干沙漠同属于极干旱的温带大陆性气候带。本地区范围内有流动沙地 3032 km²,所占的比例很小,并且其中人为因素造成的更是微乎其微,固定和半固定沙地不足 100 km²,风沙灾害中风的成分是主要的,这是由这里的干热、多风、水资源匮乏等自然条件所决定的。

2.4 大风造成的主要灾害

新疆境内主要有三条铁路,每条铁路都有大风区。南疆铁路前百公里风区(白杨河大桥至鱼儿沟);北疆铁路阿拉山口风区;而兰新铁路线上有多个大风区,依次是哈密以东的烟墩风区、鄯善以东的“百里风区”、吐鲁番大河沿风区和达坂城风区等。大风天气对新疆铁路运输生产的正常运行和发展造成重大影响,主要涉及几个方面:①对主要行车设备造成损坏;②对客货车辆造成损坏;③对房屋及各种建筑物造成破坏;④对货物运输的损害;⑤铁路职工的正常工作造成严重影响;⑥对风区职工的人身安全造成严重危害。大风对铁路运输每年都造成了严重的损失。

根据《新疆通志》第 49 卷“铁道志”及有关资料记载,自兰新线、南疆线通车以来大风引起列车脱线、颠覆事故 30 次,吹翻客车 7 节、货车 110 辆,而因大风引起的晚点、停运造成的损失更是无法计算,直接经济损失超千万元,间接经济损失超亿元,社会影响巨大(具体详见附录 C)。

1971 年 1 月 9 日,”三十里风口”刮 10 级以上大风。1504 次货物列车运行至天山—三个泉间 1749 km 900 m 处,机后第 1~10 位空棚车被刮到路基南侧下面,第 16 位重棚车脱线(图2.6a)。

2001 年 4 月 7 日,30181 次货物列车行至南疆线铁泉—珍珠泉间 K36+515 m 处时,被大风刮下线路脱轨并颠覆 11 辆,脱轨 6 辆,车辆上部箱体被刮下线路 7 辆,造成车辆报废 9 辆,大破 12 辆,直接经济损失 634.2 万元,中断行车 47 h 55 min(图 2.6b)。

2002 年 3 月 19 日,41022 次货物列车运行至十三间房—红层间上行线 K1463+370 m~K1463+230 m 处,因大风造成机后 28~35 位车辆颠覆、脱轨,中断行车 19 h28 min,造成货车报废 2 辆、大破 3 辆、中破 3 辆,直接经济损失 136.51 万元(图 2.7a)。

2007 年 2 月 28 日 2 时 05 分,由乌鲁木齐开往新疆南部城市阿克苏的 5807 次列车运行至南疆铁路珍珠泉至红山渠站间 42 km+300 m 处时,因瞬间大风造成该次列车机后 9 至 19 位车辆脱轨,造成 3 名旅客死亡,2 名旅客重伤,32 名旅客轻伤,南疆铁路被迫中断行车(图2.7b)。

图 2.6　火车因大风倾覆图例一

图 2.7　火车因大风倾覆图例二

第3章 铁路大风监测报警系统

3.1 系统构成及工作过程

新疆铁路大风监测报警系统由铁路沿线的 83 个区间自动测风站点、27 个风区车站(大风计算机汇集站),1 个大风监测数据处理中心(乌鲁木齐铁路局),1 个大风监测网络服务中心(乌鲁木齐铁路局电算所),8 个行车指挥终端(乌鲁木齐铁路局调度所值班主任和各行车调度台计算机报警终端)和 1 个大风监测技术支持中心(新疆维吾尔自治区气象局)等若干部分构成(图 3.1)。

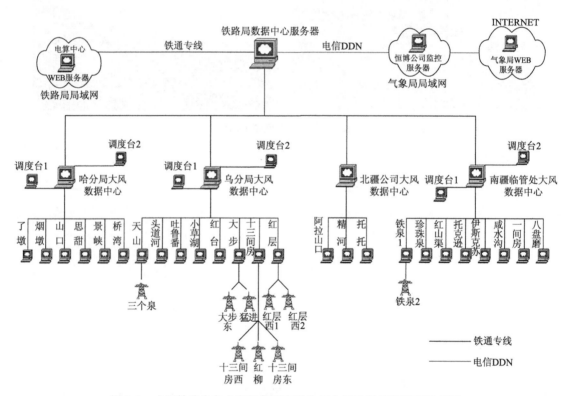

图 3.1 中国铁路乌鲁木齐局集团有限公司大风监测报警系统组成图

新疆铁路大风监测报警系统 24 h 连续工作,由分布在新疆铁路沿线东至哈密景峡(早期至甘肃省内桥湾)、西至博乐阿拉山口、南至喀什八盘磨,全长 2880 多千米范围内风区风口的 83 套测风设备,自动将车站或区间的实时风向、风速每 3 秒钟采集一次数据,并实时将数据通过有线(早期为同轴电缆,现在为光缆)分两路一路传输至车站计算机(小站)处理、显示,另一路上传[早期上传至各分局,经分局计算机(次站)处理、显示后,各分局将数据实时通过有线上

12

传至路局]至路局铁路大风监测报警专用服务器,经路局服务器处理后将实时大风数据和报警信息分发至各路局调度指挥中心各行调台大风专用计算机(终端),同时将实时大风数据送往路局电算中心大风监测数据库专用服务器(计算机)存入实时和历史资料库,供网络用户查看实况和历史资料。

3.1.1　大风监测点选址

虽然气象观测规范上有明确的规定,但对于铁路部门的特殊应用有特别的要求,因此,研究制定适合铁路部门需要的大风监测点的选址标准,对于做好大风监测报警系统建设的设计也就变得十分重要。

2000 年开始,在没有铁路沿线风区太多应用经验的情况下,我们参考《地面气象观测规范》(中央气象局,1979)结合铁路需要,设计建设了由 27 个大风监测站点组成的大风监测系统。系统虽然在 2000 年、2001 年的大风季节列车调度指挥中发挥了重要的作用,已成为一种不可缺少的辅助行车指挥系统,但也在使用中发现,个别大风监测站点风速失真,区间大风监测出现盲区,当行驶列车进入区间监测盲区后,所经过的沿线风力已不再是车站当初监测到的风力,致使行驶在途中的列车遭到更猛烈的大风袭击。由于风力变化与局部地形关系密切,在同一个风区同时存在若干个风口,理论上我们的监测点可以监测控制住每一个风口,但实际需要并不完全如此。根据地形地貌和站点间列车通过时间,换算成点间距离进行大风监测站点加密,是消除大风监测盲区的有效方法。

因此,2002 年我们研究形成了适合新疆铁路沿线的大风监测站点的选址方法和标准,并在 2002 年、2004 年大风监测系统二期加密站点的建设中使用。具体如下:

第一,现场勘查。走访铁路沿线工作的老职工或当地群众,了解风区内风力最强的路段位置,深入现场,察看地形,利用手持风速仪观测,找出风力最强的点的位置。

第二,确定站点经纬度。在找到强风点的位置后,根据以下标准最终确定测风点测风铁塔的具体地基(地下机房)开挖点经纬度。

A:该点风速应能代表本地局部区域的最大。

B:该点应选在本区段常年最多风向的来风方向,也就是铁路线的上风方。

C:该点塔基靠铁路一侧,距离线路应大于 3 m。

D:大风密集区域,站点间距离一般在 10 km 左右(列车时速大于 120 km/h),地形较复杂的区间适当减小站点间距离。

E:站点的电磁辐射影响尽可能小,以免产生干扰。

目前,铁路沿线现有大风监测站 83 个,具体如图 3.2 所示。

3.1.2　大风监测设备选型

大风监测报警系统设备主要分室内和室外两部分。由于新疆气候恶劣,铁路线漫长,交通不便,现场维修保障困难,因此,对室外设备的环境适应性,对系统设备的稳定性、可靠性等提出了很高的要求。此外,铁路沿线风区风力强劲,当时气象部门地面业务普遍使用的 EL 型电接风向风速仪测风量程小于 40 m/s,铁路部门配备的手持风向风速仪在铁路沿线风区的使用中,有时风速指示打表(超过仪器量程)。因此,对测风传感器和整机性能也提出了更高的要求。

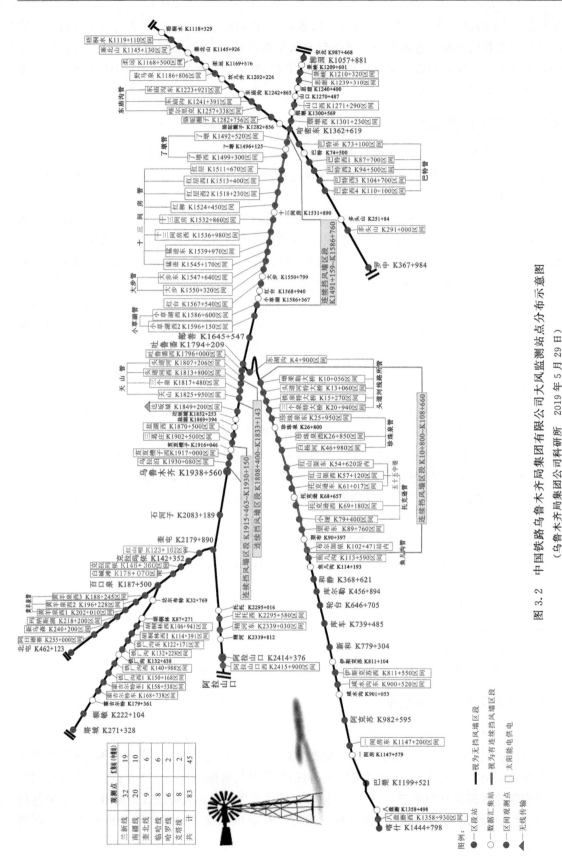

图 3.2 中国铁路乌鲁木齐局集团有限公司大风监测站点分布示意图
（乌鲁木齐局集团公司科研所 2019 年 5 月 29 日）

3.1.2.1　基本要求

1)所有设备均应选用符合国家有关标准的合格产品。

2)室外设备要耐高低温、抗风防沙、适应新疆恶劣的自然条件。

3.1.2.2　测风传感器

测量技术要求、工作环境要求见表 3.1 和 3.2 所示。

表 3.1　测量技术要求

测量要素	测量范围	分辨力	准确度
风向	0～360°	3°	±5°
风速	0～60 m/s	0.1 m/s	±(0.3+0.03)m/s

表 3.2　工作环境要求

工作参数	使用范围
温度	−35～55℃
湿度	0～95%
风力	小于 70 m/s
电压	～(220±10%)V

3.1.2.3　测风铁塔

采用热镀锌材料,设计抗风能力大于 70 m/s(瞬时风速)。

3.1.2.4　专线调制解调器(采用 RS-232 串行通信)

专线调制解调器技术要求如表 3.3 所示。

表 3.3　专线调制解调器技术要求

工作参数	使用范围
速率	1200～28800 bps
温度	0～45℃
相对湿度	0～95%
电压	～(220±10%)V,(50/60±3)Hz

3.1.2.5　光隔离长线收发器

光隔离长线收发器技术要求如表 3.4 所示。

表 3.4　光隔离长线收发器技术要求

工作参数	使用范围
隔离电压	≥500 V
速率	≤38400 bps
传输距离	≥2000 m
温度	0～54℃
相对湿度	0～95%

3.1.2.6　在线式 UPS 电源

在线式 UPS 电源技术要求如表 3.5 所示。

表 3.5　在线式 UPS 电源技术要求

工作参数	使用范围
延迟时间	8 h
温度	0～45 ℃
相对湿度	0～90％
电压	～(220±10％)V,(50/60±3)Hz

3.1.2.7　太阳能电源

大风监测站点的供电一开始是引用的铁路沿线 11 kV 高压线路(铁路自备电),经变压器后供大风监测设备使用。使用中存在两个主要问题,一是由于大风天气下高压线路受风扰动,电源电压不稳定,而且经常停电。二是高压引线端因大风扰动经常出现高压打火,形成电磁干扰,严重影响大风监测系统设备的正常工作,故障率偏高。为此,我们设计采用太阳能电源供电,具体设计指标见表 3.6。

表 3.6　太阳能电源技术要求

名称	参数	使用环境条件
光伏板(多晶硅)	450 W	室外
蓄电池(胶体)	12 V 200 AH	耐低温
智能控制器	直流 24 V	室内
逆变器	100 W(～220±10％)V	室内

其中太阳能电源智能控制器具有以下功能:

① 过充保护:充电电压高于保护电压时,自动关断对蓄电池充电,此后当电压掉至维持电压时,蓄电池进入浮充状态,当低于恢复电压后浮充关闭,进入均充状态。

② 过放保护:当蓄电池电压低于保护电压时,控制器自动关闭输出以保护蓄电池不受损坏;当蓄电池再次充电后,又能自动恢复供电。

③ 负载过流及短路保护:负载电流超过 10 A 或负载短路后,熔断丝熔断,更换后可继续使用。

④ 过压保护:当电压过高时,自动关闭输出,保护电器不受损坏。

⑤ 具有防反充功能:采用肖特基二极管防止蓄电池向太阳能电池充电。

⑥ 具有防雷击功能:当出现雷击的时候,压敏电阻可以防止雷击,保护控制器不受损坏。

⑦ 太阳能电池反接保护:太阳能电池"＋""－"极性接反,纠正后可继续使用。

⑧ 蓄电池反接保护:蓄电池"＋""－"极性接反,熔断丝熔断,更换后可继续使用。

⑨ 蓄电池开路保护:万一蓄电池开路,若在太阳能电池正常充电时,控制器将限制负载两端电压,以保证负载不被损伤,若在夜间或太阳能电池不充电时,控制器由于自身得不到电力,不会有任何动作。

⑩ 恢复间隔:是为过充或过放保护所做的恢复间隔,以避免线电阻或电池的自恢复特点造成负载的工作斗动。

⑪ 温度补偿:监视电池的温度,对充放值进行修正,让电池工作在理想状态。

3.1.2.8　防雷器件(达二级防雷要求)

防雷器件技术要求如表 3.7 所示。

表 3.7　防雷器件技术要求

名称	最大放电电流
避雷针	220 kA
信号避雷器	10 kA(8/20 μs)
电源避雷器	60 kA(8/20 μs)

3.1.2.9　其他设备

计算机应满足 CPU 为 MP2.0 G 以上、内存 256 kB 以上、硬盘 20 GB 以上。

3.1.3　大风传感器技术改造

2003 年以前,我们选择了抗强风的国产 ZZ6 型系列船舶气象仪作为大风监测报警系统的主要监测设备,在近三年的使用中,我们发现该仪器虽然抗风性能好(抗 70 m/s 以上大风),量程大(满足大风监测范围要求),但该设备主要用于航海,而海洋气候和新疆的戈壁气候相差太大,海洋上空气湿度大,无风沙,新疆的沙尘天气多,细小的沙尘无孔不入,而且,夏季高温,冬季严寒。因此,该仪器故障率偏高,主要问题有三个,一是沙尘进入传感器腹腔后造成传动部位机械故障,二是低温(零下 25 摄氏度以下)不工作,三是风速信号通过导电环产生接触不良,造成误码错报。

针对以上三个问题,我们对主要设备进行了适应新疆的技术改造,技改技术得到厂家的采用和推广。第一,我们提出了防尘罩的概念,工厂根据我们的要求增加了防尘罩,经过反复试验,改进形成了目前的产品,基本解决了防止沙尘进入传感器腹腔后造成传动部位机械故障的问题。第二,我们对厂家在元器件选择上提出了更高的要求:一是机械部分风向风速轴承的质量更高;二是电子元件的耐低温特性。第三,我们取消了风速信号通过导电环的触点传输方式,改由光电收发管,形成无触点传输,在性能不变的前题下完全解决了信号传输接触不良的问题。技改介绍如下。

3.1.3.1　传感器产生误码错报的主要原因

ZZ6 型强风仪是由传感器和采集主机两部分组成。传感器采用螺旋桨流线型构造。特殊的结构、结实的外形使整机抗风强度达到 75 m/s,最大测风 60 m/s。采集主机采用微处理单片机结构,将传感器采集到的脉冲信号进行整形、取样、编码、处理、显示等,功能齐全,并且具有专用的通信接口,因此适合于大风区无人值守。传感器的基本工作原理如下:

在风力的作用下,传感器螺旋桨带动风速转轴,使安装在转轴上的码盘(28 槽)随之转动,由发光管和光敏管组成的光电转换电路将机械转动转换成脉冲电信号输出。由于螺旋桨转速与风速成正比例关系,因此输出的脉冲频率也同风速成正比例。主机微处理系统根据采集到的脉冲频率可以换算出相应的风速值。传感器的尾部成尾叶状,尾叶随风向的变化带动安装在机架上的风向转轴,该转轴上的码盘(七位格雷码)随之转动。安装在码盘两边的七对光、电管产生一定格式的电码,根据电码微处理机计算出对应的风向值。由于风速转换电路是安装在传感器随风向转动的部分,而信号输出接口固定安装在机架上,两者位置随着风向变化而改变。为此,在风向转轴和固定机架间安装三个接触式旋转关节,分别作为 12 V 电源的正、负接线端和风速脉冲电信号输出端。接触式旋转关节由安装在转轴上的铜环和安装在固定支架上带有弹性的导电弹簧组成。三个铜环同时随着转轴作同心轴运动。铜环和导电弹簧以 10 g

17

左右的压力互相接触后完成电气上的连接。如图 3.3 所示。

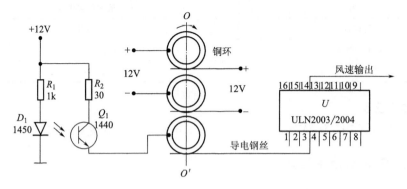

图 3.3　接触式旋转关节信号传输原理图

接触式旋转关节在脉冲信号传输过程中产生的干扰。ZZ6 型强风仪主要应用在海上船舶,设计中很少考虑沙尘影响。长期在恶劣的环境下运行,特别是受到沙尘的侵蚀,在铜环和弹簧间产生磨损,使两者间的压力及接触电阻产生变化,再加上风向瞬间不停地变化,传输中形成噪声信号干扰正常的信号。

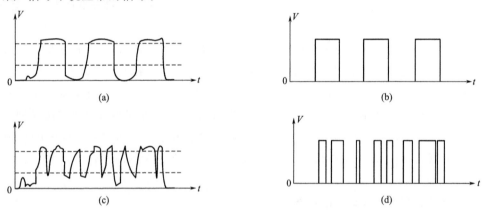

图 3.4　脉冲信号通过旋转关节传输干扰引起的信号失真

图 3.4a 所示波形是当风速轴匀速旋转时光敏管 Q_1 输出的脉冲电信号;该脉冲信号波形接近矩形,正常情况下通过接触式旋转关节的脉冲电信号和图 3.4a 所示波形一致;脉冲电信号经过整形电路整形后的波形如图 3.4b 所示。图 3.4c 所示的波形是通过有故障的接触式旋转关节时受到严重干扰后的波形。在经过整形后如图 3.4d 所示,从中可以看到,在同样的时段内脉冲个数明显地增加了,这就导致微处理系统的采样值频率发生了变化,致使输出和显示的风速产生错误。由于大多情况使脉冲数量增加,因此显示风速值偏大,在风力不是很大的情况下有时显示会超过 60 m/s。

3.1.3.2　数字信号抗干扰电路在 ZZ6 型强风仪中的应用

通过对信号波形测试分析,确定旋转关节传输是产生干扰信号的根源。要减少干扰最好的方法是采用非接触式的传输方式。非接触式传输有电磁耦合、光电耦合技术等方法,由于风速传感器产生的脉冲电信号频率随着风速的变化而变化,其变化范围很宽,采用电磁耦合显然难于实现。因此,我们采用了光电转换的技术,如图 3.5 所示。其中,12 V 电源引起的噪声干扰较小,所以仍然采用接触时旋转关节传输方式。通过增加了 L_1、C_1 组成的滤波电路来滤除电源中的干扰。风速脉冲信号的传输采用了数字信号抗干扰电路光电转换技术。Q_1 的发射极输出的是风速脉冲电信号,通过 U_1 及外围元件组成的反向驱动电路驱动发光管 D_2,光敏管 Q_2 将接收到的光转换成电,从而完成了脉冲信号的电-光转换传输。这种传输方式为非接触传输方式,避免了在接触传输方式中产生的干扰。

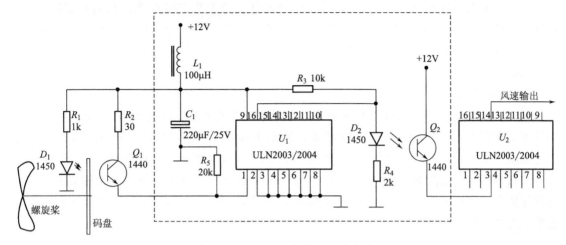

图 3.5　光电耦合数字抗干扰电路

数字信号抗干扰电路的安装如图 3.6 所示。D_2 固定安装在中空的风向转轴内,随着风向的摆动在轴心上来回转动;Q_2 固定安装在转轴下端的机架内,与 D_2 相对安装。Q_2 和 D_2 在同心轴 OO' 上作相对旋转运动,转轴和机架两端采取严格的遮光措施,不存在任何干扰。因此,这种方式进行的数字信号传输非常可靠。

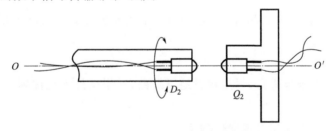

图 3.6　数字信号抗干扰电路安装示意图

通过在新疆铁路沿线长期使用证明,采用光电技术改进后的传感器运行非常可靠,尤其是在恶劣的环境下可以长期正常工作,不仅大大减少了维护的成本,而且提供的测风数据也真实可靠,受到了使用部门的好评。目前,相关生产厂家已采纳了该项技术,并投入了批量生产。光电技术在旋转关节中的应用彻底解决了 ZZ6 型强风仪在内陆干旱地区使用的难题,也为类似的传输方式改革提供了新的思路。

3.1.4　大风监测系统设计标准

3.1.4.1　主要设计依据

《地面气象观测规范》(中国气象局,2003)

《Ⅱ型自动气象站标准》(QX/T 1-2000)

《建筑物防雷设计规范》(GB50057-2010)

3.1.4.2 补充设计标准的研究

针对铁路沿线地形地貌和新疆独特的气候条件,除执行以上标准外,研究提出了如下施工设计标准:

第一,测风铁塔

因铁路沿线风区风力强劲,采用拉线钢管测风杆支架安装 ZZ6-C 强风仪传感器时,由于钢管测风杆的柔韧性,强风仪传感器将随风扰动甚至强烈震动,而加速传感器的损坏,因此,我们研究设计专用测风铁塔,铁塔上设计维修平台(能供两人同时操作),抗风要求大于 70 m/s(瞬时风)。

第二,地下机房

ZZ6-C 强风仪采集器主机箱原安装固定在测风杆上或地面室外机柜中,由于前述随风扰动甚至强烈震动,固定在测风杆上的主机非常容易出故障,安装在地面室外机柜中的主机,也因为新疆冬季严寒,在零下最低温度下也故障不断,为了应对新疆冬季严寒、夏季高温、强风等恶劣气候,确保大风监测设备的正常运转,我们研究提出了利用测风铁塔建大风监测地下机房的设计要求。实践证明,地下机房冬暖夏凉,湿度适中,具有电磁屏蔽作用,能够保证大风监测报警系统电子设备的正常工作。

3.1.5 系统设备安装

3.1.5.1 室外设备

测风传感器安装在铁塔顶部,高度为螺旋桨中心距铁路轨面 4.5 m。

铁塔基础安装要求水平,其中一面要求正南偏西 5°~10°,有利于安装太阳能光伏电池板,设内爬梯及工作平台。

风向、风速采集器、UPS 电源、蓄电池、专线调制解调器等安装在地下机房内,机房要求防水防盗。

3.1.5.2 室内设备

线路布设严格按照规范进行,尽量敷设地下线路,如果条件不允许则布设线槽或钢管,线间进行屏蔽处理。

防雷接地及设备接地共用接地保护端子。

3.1.5.3 电源系统

接点要牢固、可靠,应防止线路打火产生电磁干扰,而影响监测系统正常工作。

3.1.5.4 雷电防护系统

① 避雷针

自立铁塔顶端安装一支避雷针,避雷针及引下线与铁塔相隔 60 cm 平行并进行绝缘隔离处理,使风向风速、温度、雨量传感器处在避雷针的保护范围之下,各传感器与铁塔等电位联结。

② 避雷器

使用电力引入的监测站点和车站运转室配电箱内各安装一组单相电源防雷模块,接收远端监测数据的调制解调器前端安装信号防雷模块,防止雷电波侵入。

③ 等电位接地

在铁塔附近设防雷地网一个,接地电阻小于 4 Ω,塔基接地网;配电柜、系统机柜等设备做

PE 接地;遥测电缆屏蔽层做等电位接地处理。

3.1.6　大风监测报警系统功能

大风监测报警系统根据用户级别主要分为小站、次站、主站等三个层次。

① 实时数据采集、入库、显示、报警。

② 历史数据统计、查询、显示、打印。

3.1.7　大风监测报警系统应用软件

软件系统主要由平台软件、通用软件和专用软件三部分组成。

3.1.7.1　平台软件

系统早期配置 Windows 2000 Server 网络操作系统(以后操作系统在不断升级)和 SQL Server 2000 数据库系统软件,为监测系统软件提供运行环境。

3.1.7.2　通用软件

瑞星防病毒软件(早期配置网络版 100 用户,以后不断升级)用于系统安全。

3.1.7.3　专用软件

新疆铁路沿线大风监测报警系统软件(Aeolus)集实时大风数据采集、处理、传输、存储、报警、历史数据管理和网上统计查询为一体的多功能应用软件,中文名称为风神,英文名称为 Aeolus。由新疆维吾尔自治区气象局和中国铁路乌鲁木齐局集团有限公司联合开发研制。

风神软件具有 32 路全双工通信、后台数据库存储和查询、实时数据和图形显示以及声音和视觉报警的功能。Aeolus 软件为多级结构,数据从区间测风点采集处理起,不断向上汇集,从而使得所有大风监测数据信息在中国铁路乌鲁木齐局集团有限公司实现汇总。

风神软件能够由环境配置文件来规定其运行方式。小站、中心站、数据中心、调度台服务端的配置十分方便。

风神软件的大风监测报警主软件完全实现对中国铁路乌鲁木齐局集团有限公司《大风天气列车安全运行办法》的实时自动解释并应用。网上信息发布软件实现网上浏览查看大风实况信息,页面 30 秒钟刷新一次。大风信息查询客户端软件能完成复杂条件下的统计、查询和分析功能。

风神软件按功能分如下几个部分(同时又可按用户级别分为小站、次站、主站、数据库服务中心、远程维护中心和数据查询终端等几个版本)。

① 监测软件

对风向、风速、降水、气温等气象要素的收集(或汇总)、处理、转发、入库和显示。

② 通信软件

实现处理后的风向、风速、降水、气温等气象要素信息的逐级上传,同时负责相关气象信息产品的下传。通信软件含纠错功能。

③ 数据库管理软件

用于存储、管理风向、风速、降水、气温等气象信息数据。这其中包括:气象要素库、气象知识库和预报预警信息库,同时又分为实时和历史资料库。

④ 统计查询软件

按照《地面气象观测规范》或铁路需求对风向、风速、降水、气温等数据作实时和历史资料统计、分析、查询、显示和打印等处理。

⑤ 监控软件

对系统运行进行远程监控,分析判断系统设备工作状态,及时发现系统或设备故障,确保系统正常运转。

⑥ 信息分发软件

针对铁路工务、车务、电务、机务等生产部门和科研、管理部门的实际需要,为相关部门和领导提供相应的测报、预报和预警信息服务。

3.2 系统主要功能

3.2.1 显示功能

系统可直观显示本站或所辖站点的实测风向风速数据。内容有瞬时风向、风速、风力级别和 2 min 平均风向、风速、风力级别。显示界面有曲线、列表、直方图等(图 3.7、图 3.8、图 3.9)。

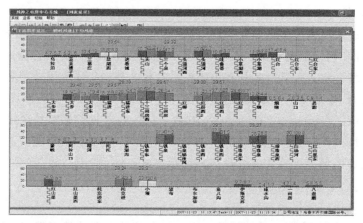

图 3.7 中国铁路乌鲁木齐局集团有限公司大风监测报警系统显示界面图

测风站名	平均风速(米/秒)	平均风级	瞬时风速(米/秒)	瞬时风级	平均最大风速	瞬时最大风速
乌拉泊(1874+060)	7.3	四 级	5.6	四 级	8.1	9.7
达达楼子西(1860+95	8.3	五 级	6.2	四 级	12.1	18.0
兰寨庄(1845+400)	12.8	六 级	9.2	五 级	14.8	15.4
盐湖西(1814+500)	20.1	八 级	21.3	九 级	23.5	24.8
达坂城(1793+50)						
天山(1769+500)	23.1		18.1	八 级	23.1	28.7
三个泉(1761+480)	22.5	九 级	22.3	九 级	23.1	25.0
头道河西(1757+800)						
乌斯河(1751+206)	21.6	九 级	25.0	十 级	23.1	25.0
吐鲁番(1738+209)	15.5	七 级	12.5	六 级	16.9	23.8
小草湖西(1530+700)						
小草湖(1530+367)	16.8	七 级	15.7	七 级	17.2	20.3
红台(1511+550)	17.8	八 级	16.4	七 级	19.5	19.6
红台东1(1512+340)						
红台东2(1505+480)						
大步西(1508+500)						
大步(1494+310)	25.6	十 级	27.5	十 级	28.3	36.2
大步东(1491+700)	22.9		25.7	十 级	25.7	28.4
鄯进(1489+200)	22.6	九 级	25.1	十 级	24.2	30.4
鄯进东(1484)	27.7	十 级	23.4	九 级	28.4	26.6
十三间房西(1481)	31.6	十一 级	32.6	十一 级	33.0	35.8
十三间房(1476+800)	27.1	十 级	27.1	十 级	27.7	34.2
红柳(1468+430)						

图 3.8 中国铁路乌鲁木齐局集团有限公司大风监测报警系统网络实时显示界面图

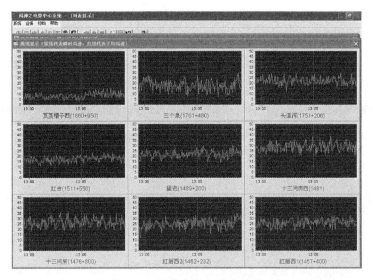

图 3.9　显示多站大风曲线图

3.2.2　报警功能

2007 年"2·28"铁路大风事故前,新疆铁路沿线大风监测系统只是实时显示各区间站点大风数据,由车站值班员和列车调度员人工观察大风数据变化,并以此为据指挥列车运行,随着铁路沿线大风监测站点的不断加密,数据显示不断增多,行车调度指挥人员在大风天气时高度紧张,十分疲劳,这种靠车站值班员和列车调度员人工观察大风数据变化来指挥行车已经成为不可能。根据红山渠大风监测站 2001 年 4 月 26 日 09 时 10 分至 16 分资料记录显示,6 min 内大风从 10 级迅速涨至 12 级(其他车站也有同样的记录)。风速变化之大、之快,客观上造成了行车指挥的难度。为此,我们研究开发了铁路沿线大风监测系统的自动报警功能。依据《大风天气列车安全运行办法》,当风速≥8 级时提供声音警示,计算机自动完成各级别大风报警及解除报警的判识,同时弹出各级别大风报警或解除报警对话框,提示值班员或调度员采取相应措施,显示画面将根据报警级别的变化而改变颜色报警(图 3.10)。

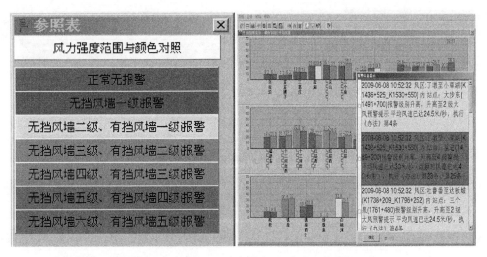

图 3.10　中国铁路乌鲁木齐局集团有限公司大风监测报警系统报警提示图

3.2.3 信息存储、检索、统计功能

系统自动将实时风向、风速信息存入计算机,自动生成年、月、日报,供查询。并建有历史资料数据库,参照气象行业标准,并根据铁路实际需要做统计计算分析(图 3.11)。

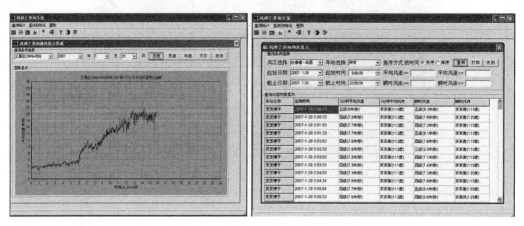

图 3.11 中国铁路乌鲁木齐局集团有限公司大风监测报警系统统计查询界面

3.2.4 自我保护功能

系统在突然停电或操作失误的情况下,程序不破坏,历史数据不丢失,对非法操作留有记录。

3.2.5 网络服务功能

3.2.5.1 系统主控计算机备有网络接口,可方便大风数据进入铁路部门的办公网,实现网上数据显示。

3.2.5.2 系统专用数据库服务器为用户提供网上大风信息浏览,并通过客户端专用软件实现较复杂的网上大风信息统计、查询、分析功能(图 3.12)。

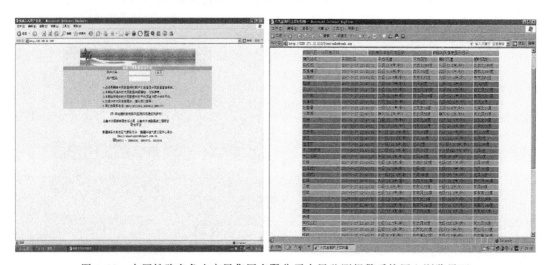

图 3.12 中国铁路乌鲁木齐局集团有限公司大风监测报警系统网上浏览界面

3.3　系统软件简介

大风监测报警系统软件是由中国铁路乌鲁木齐局集团有限公司和新疆维吾尔自治区气象局(乌鲁木齐恒博有限责任公司)通过自治区科技厅下达的科技项目推动联合开发研制的一套采集、处理并传递大风数据的实时应用软件,中文名称为风神,英文名称为Aeolus。

Aeolus由大风监测报警系统主软件、网上信息发布软件和网上大风信息查询客户端软件等三个软件组成。主软件完全实现对中国铁路乌鲁木齐局集团有限公司《大风天气列车安全运行办法》的实时自动解释并应用。网上发布软件实现网上浏览查看大风实况信息,页面30秒钟刷新一次。客户端软件能完成复杂条件下的统计、查询和分析功能。

Aeolus主软件为多级结构,数据从区间测风点采集处理起,不断向上汇集,从而使得所有大风监测数据信息在路局实现汇总。

Aeolus具有32路全双工通信、后台数据库存储和查询、实时数据和图形显示以及声音和视觉报警的功能。

Aeolus能够由环境配置文件来规定其运行方式。

大风监测报警系统软件(Aeolus)采用 C++ Builder 作为前端开发环境,SQL Server 和 Access 作为后台数据库支持,通过环境配置可以使系统运行于相应的子集之上,使得系统能够更加灵活地适应于不同的应用环境。Aeolus能够运行于 Win98 和 Win2000 Server 操作系统之上,最佳使用分辨率为 1024×768(ppi),也支持 800×600(ppi)分辨率。

3.4　系统使用情况

大风监测报警系统兰新线部分基础工程于1998年建成并投入使用,网络工程于1999年末建成并投入使用,北疆线部分于2000年初建成并投入使用,南疆线部分于2000年4月末建成并投入使用,2002年以后对大风监测站进行了两次加密以消除监测盲区。2007年新增11个大风监测站(增加至测站50个),并对乌鲁木齐铁路大风监测报警系统进行了二次开发,按照新的大风天气列车运行管理办法,增加了计算机自动报警功能,对系统软件进行了重新编写,2008年5月对中国铁路乌鲁木齐局集团有限公司大风监测报警系统进行了升级,在乌鲁木齐铁路局调度指挥中心增加了计算机自动报警和自动解除报警功能,系统工作稳定可靠,为中国铁路乌鲁木齐局集团有限公司科学、合理地调度列车、指挥运行,确保铁路运输安全发挥了极其重要的作用,现新疆铁路大风监测报警系统拥有83个风区区间大风监测站(图3.13),该系统已成为中国铁路乌鲁木齐局集团有限公司(原乌鲁木齐铁路局)不可或缺的铁路运输安全行车调度指挥系统之一。

(注:该系统可扩展功能,自动监测大气压力、降雨量、温度、湿度等气象要素。)

图 3.13　至 2018 年底,中国铁路乌鲁木齐局集团有限公司已建成 83 个大风监测站

3.5　系统主要技术特点

3.5.1　系统实时性强,不可或缺

乌鲁木齐铁路大风监测报警系统 24 h 不间断工作,分布在兰新、南疆、北疆以及其他铁路沿线风口风区的 83 个大风监测站每三秒上传一次大风数据,上传通信时效超过气象部门的自动气象站,系统实时性强、工作稳定可靠,为中国铁路乌鲁木齐局集团有限公司科学、合理地调度列车、指挥运行,确保铁路运输安全发挥了极其重要的作用,现已成为铁路部门不可缺少的辅助行车指挥系统。

3.5.2　系统自动化程度高,无人值守

乌鲁木齐铁路大风监测报警系统由风区传感器、采集器、处理器、通信控制器、太阳能电池、防雷设施等构成野外自动监测站,采集大风数据自动上传至区间站,最后上传到中国铁路乌鲁木齐局集团有限公司大风数据中心(服务器)。一路数据供调度指挥中心用于计算机自动识别,自动报警;一路数据传至大风实时和历史资料库供存档、查询等。系统从大风监测传感器、采集器、通信、电源、系统配置到相关软件等经过多年来的不断优化改进,工作十分稳定。从大风数据采集到实时分级报警等全部实现无人值守,自动化程度非常高。

第4章 铁路大风预报技术

4.1 技术方法和实现路线

4.1.1 总体目标

（1）建立铁路沿线大风实时监测资料数据库和大风历史资料数据库。

（2）通过对大风成因机制和各种预报方法的研究,建立"三十里风口"和"百里风区"代表站预报时效在 0~12 h 逐时临近预报系统。

4.1.2 大风级别界定

以灾害性大风（≥8 级）作为研究分析对象,对近两年不同季节的典型大风个例进行对比分析。

4.1.3 代表站的选取

选取铁路沿线最典型的三个风口站作为代表站:阿拉山口、十三间房、铁泉。

4.1.4 预报时效

预报时效 1~12 h。

预报结果,给出未来 1~12 h 上述代表站点的风走势曲线图,时间间隔为 1 h。预报结果每天输出两次。

4.1.5 预报方法（模式）

（1）以 MM5 数值预报模式为基础,其预报结果每天出两次,读取其相关的 1~12 h 预报结果作为预报基础结论。模式简介参见附录 B MM5 数值预报模式简介。

（2）系统平均误差分析。选取近两年历史 14 个大风个例对 MM5 模式进行历史反算,统计其模式计算结果和实况的平均误差,作为对模式的预报能力给以定性判定。

（3）天气个例选取标准。8 级（含 8 级）以上大风,每次天气过程分五个阶段,大风前期——起风（达到 17 m/s）——风持续加强达到最大——风减弱到最后一次出现 17 m/s——减弱无大风。

（4）建立预报方程（马开玉 等,1993）。共选取 14 个历史大风个例,每个个例大风平均持续 3~4 d,同时将 MM5 模式预报结果同铁路大风监测站点实测资料进行分析,建立模式预报方程。

（5）误差订正。将模式预报方程的结果,与分析得到的预报误差进行订正,最终得到未来

27

1～12 h 预报结论。

(6)预报结论。最终预报结论为 MM5 预报结果＋预报方程计算＋预报误差订正。

4.2 预报研究

4.2.1 阿拉山口、铁泉、十三间房的风速、风向相关性分析

首先对铁泉、阿拉山口、十三间房风进行相关性分析,从表 4.1 和表 4.2 可以看出,阿拉山口和十三间房风向风速都不相关,铁泉和十三间房风向和风速相关性较好,相关系数分别达到了 0.7132 和 0.7113,通过了 0.01 的信度检验。说明铁泉和十三间房风的变化趋势总体相同(屠其璞 等,1984)。

表 4.1 阿拉山口、铁泉、十三间房瞬间风速相关性分析表

天气过程	阿拉山口和十三间房风速相关性			铁泉和十三间房风速相关性		
	回归方程	相关	0.01	回归方程	相关	0.01
2006.04.08—04.12	$y=0.6679x$	0.3375	×	$y=0.8384x$	0.8757	√
2006.06.02—06.05	$y=-0.208x$	0.0812	×	$y=0.7723x$	0.7016	√
2006.09.14—09.17	$y=-0.7152x$	0.4332	√	$y=0.7423x$	0.7969	√
2006.10.04—10.07	$y=0.3308x$	0.2071	×	$y=0.7512x$	0.7308	√
2006.11.20—11.24	$y=0.3369x$	0.1523	×	$y=0.8406x$	0.8698	√
2007.01.01—01.04	$y=1.0513x$	0.5963	√	$y=0.3441x$	0.3084	×
2007.02.26—03.03	$y=0.9894x$	0.3826	×	$y=0.9427x$	0.8573	√
2007.03.20—03.23	$y=-0.7415x$	0.3350	×	$y=0.694x$	0.7664	√
2007.03.27—04.01	$y=0.3646x$	0.2214	×	$y=0.7273x$	0.7627	√
2007.05.07—05.10	$y=0.1447x$	0.0608	×	$y=0.7116x$	0.6689	√
2007.07.12—07.16	$y=0.0751x$	0.0548	×	$y=0.3077x$	0.3256	×
2007.08.11—08.14	$y=-0.4033x$	0.1766	×	$y=0.7587x$	0.7962	√
2007.11.22—11.26	$y=0.6383x$	0.4072	√	$y=0.8897x$	0.7707	√
2007.12.24—12.28	$y=0.4893x$	0.3357	×	$y=0.7356x$	0.7535	√
	平均	0.2701	×		0.7132	√

表 4.2 阿拉山口、铁泉、十三间房瞬间风向相关性分析表

天气过程	阿拉山口和十三间房风向相关性		铁泉和十三间房风向相关性	
	相关系数	0.01 信度	相关	0.01 信度
2006.04.08—04.12	0.4021	√	0.5348	√
2006.06.02—06.05	0.4044	√	0.8981	√
2006.09.14—09.17	−0.4086	√	0.8453	√
2006.10.04—10.07	0.1620	×	0.7154	√
2006.11.20—11.24	0.3726	√	0.8120	√
2007.01.01—01.04	0.0349	×	0.2781	×

天气过程	阿拉山口和十三间房风向相关性		铁泉和十三间房风向相关性	
	相关系数	0.01 信度	相关	0.01 信度
2007.02.26—03.03	−0.2477	×	0.9048	√
2007.03.20—03.23	0.2606	×	0.8878	√
2007.03.27—04.01	0.0654	×	0.6507	√
2007.05.07—05.10	−0.0274	×	0.8238	√
2007.07.12—07.16	0.9127	√	0.8437	√
2007.08.11—08.14	0.2606	×	0.6885	√
2007.11.22—11.26	0.2028	×	0.5022	√
2007.12.24—12.28	0.2349	×	0.5736	√
平均	0.2855	×	0.7113	

4.2.2　阿拉山口、铁泉、十三间房起风和大风停止时间比较

阿拉山口起风时间较早,对下游铁泉、十三间房起风时间有着重要的参考意义。我们以风速达到 17.0 m/s 作为大风起风时间,以风速最后一次小于 17.0 m/s 作为大风终止时间。

从表 4.3 可以看出,阿拉山口比铁泉平均起风时间要早 8.2 h 以上,铁泉又比十三间房起风时间早 3.5 h。这对我们以阿拉山口为参考站,判断下游铁泉、十三间房风口起风时间有着重要的参考价值,可以提前做好预防和调度安排,也可以为做出较为精确的天气预报提供一定的参考依据(表 4.3)。

表 4.3　阿拉山口、铁泉、十三间房起风时间表(风速≥17 m/s)

天气过程	起风时间(风速≥17 m/s)			起风时差(h)	起风时差(h)
	阿拉山口	铁泉	十三间房		
2006.04.08—04.12	4 月 9 日	4 月 9 日	4 月 9 日	−8	−1
2006.06.02—06.05	无大风	6 月 4 日	6 月 4 日		−2
2006.09.14—09.17	无大风	9 月 15 日	9 月 15 日		−10
2006.10.04—10.07	10 月 4 日	10 月 4 日	10 月 4 日	−12	−3
2006.11.20—11.24	11 月 22 日	11 月 22 日	11 月 22 日	−2	−2
2007.01.01—01.04		1 月 2 日	1 月 2 日		−9
2007.02.26—03.03	2 月 26 日	2 月 26 日	2 月 27 日	−6	−4
2007.03.20—03.23	无大风	3 月 20 日	3 月 21 日		−1
2007.03.27—04.01	3 月 27 日	3 月 28 日	3 月 28 日	−11	+3
2007.05.07—05.10	无大风	5 月 7 日	5 月 7 日		−4
2007.07.12—07.16	7 月 12 日	7 月 13 日	7 月 13 日	−15	−16
2007.08.11—08.14	8 月 12 日	8 月 12 日	8 月 12 日	−4	−5
2007.11.22—11.26	11 月 23 日	11 月 24 日	11 月 23 日	−13	+5
2007.12.24—12.28	12 月 26 日	12 月 26 日	12 月 26 日	−3	−4
	平均			−8.2	−3.5

从表 4.4 可以看出,大风的停止时间,阿拉山口比铁泉平均起风时间要早 23.7 h,铁泉又

比十三间房起风时间早 2.5 h(表 4.4)。

结合表 4.3 和表 4.4 来看,阿拉山口起风时间早,大风持续时间短。铁泉比十三间房起风和停风时间都略早,两地大风持续时间基本相同。

表 4.4　阿拉山口、铁泉、十三间房大风终止时间表(风速＜17 m/s)

天气过程	大风终止时间(风速＜17 m/s)			终止时差(h)	终止时差(h)
	阿拉山口	铁泉	十三间房		
2006.04.08—04.12	4月10日	4月11日	4月11日	−19	−5
2006.06.02—06.05		6月5日	6月5日		+1
2006.09.14—09.17		9月17日	9月17日		0
2006.10.04—10.07	10月5日	10月5日	10月5日	−12	−2
2006.11.20—11.24	11月22日	11月23日	11月23日	−24	0
2007.01.01—01.04	1月3日	1月3日	1月3日	−12	−2
2007.02.26—03.03	2月28日	3月2日	3月2日	−34	−1
2007.03.20—03.23		3月23日	3月23日		−8
2007.03.27—04.01	3月29日	4月1日	4月1日	−33	−2
2007.05.07—05.10		5月10日	5月10日		+1
2007.07.12—07.16	7月15日	7月16日	7月16日	−19	−2
2007.08.11—08.14	8月12日	8月13日	8月14日	−31	−7
2007.11.22—11.26	11月24日	11月24日	11月24日	−12	−4
2007.12.24—12.28	12月26日	12月27日	12月27日	−17	−4
	平均			−23.7	−2.5

4.2.3　阿拉山口、铁泉、十三间房定时最大风速比较

从表 4.5 可以看出,阿拉山口比铁泉最大风速要小近 10 m/s,而铁泉和十三间房最大风速非常接近(表 4.5)。

表 4.5　阿拉山口、铁泉、十三间房瞬间最大风速

天气过程	最大风速(m/s)			风速差值(m/s)	风速差值(m/s)
	阿拉山口	铁泉	十三间房		
2006.04.08—04.12	28.3	44.9	42.3	−16.6	+2.6
2006.06.02—06.05		30.5	30.5		0
2006.09.14—09.17		28.4	28.0		0
2006.10.04—10.07	18.3	29.8	26.6	−11.5	+3.2
2006.11.20—11.24	24.6	28.9	26.8	−4.3	+2.1
2007.01.01—01.04	21.3	23.9	25.1	−2.6	−1.2
2007.02.26—03.03	20.7	35.3	37.4	−14.6	−2.1
2007.03.20—03.23		27.5	26.9		+0.6
2007.03.27—04.01	23.8	29.2	33.7	−5.4	−4.5
2007.05.07—05.10		30.5	34.0		−3.5
2007.07.12—07.16	19.1	23.1	25.7	−4.0	−2.6
2007.08.11—08.14	21.2	36.0	34.2	−14.8	+1.8

续表

天气过程	最大风速（m/s）			风速差值（m/s）	风速差值（m/s）
	阿拉山口	铁泉	十三间房		
2007.11.22—11.26	23.8	31.0	28.6	−7.2	+2.4
2007.12.24—12.28	26.2	30.0	33.3	−3.8	−3.3
	平均			−9.4	−0.3

4.2.4　阿拉山口、铁泉、十三间房单站瞬间和 2 min 平均风向、风速分析

目前跌路沿线站点大风自动监测站可直接读取到瞬间风和 2 min 的风数据。而 MM5 数值预报模式输出结果为各正点瞬间风数值，因此首先分析一下瞬间风和 2 min 之间的关系。

图 4.1～4.3 和表 4.6 为阿拉山口、铁泉、十三间房各自单站瞬间和 2 min 平均风向和风速之间的相关性分析。可以看出，就同一个站点而言，瞬间风和 2 min 平均风之间相关性非常好，风速、风向之间变化趋势几乎完全吻合，瞬间风和 2 min 平均风之间走势变化可以互相替代，也可以由瞬间风速值推出 2 min 平均风速值的。

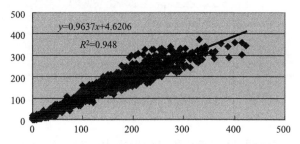

图 4.1　十三间房瞬间和 2 min 风速相关性分析

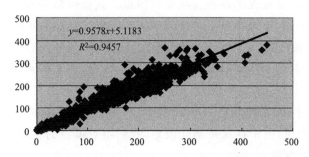

图 4.2　铁泉瞬间和 2 min 风速相关性分析

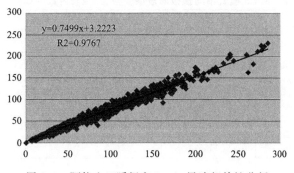

图 4.3　阿拉山口瞬间和 2 min 风速相关性分析

表 4.6 单站瞬间风和 2 min 平均风之间相关分析

站名	风向相关系数	风速相关系数
阿拉山口	0.9918	0.9879
铁泉	0.9943	0.9725
十三间房	0.9947	0.9737

下面我们再分析一下同一站点瞬间风速和 2 min 平均风速之间的差值,通过对 14 次天气个例,共 1477 个时次的逐小时风速进行统计,结果如下:

阿拉山口、铁泉、十三间房同一站点,瞬间风速平均比 2 min 平均风速值大 1 m/s 以上,当风速≥17 m/s 时,瞬间风速比 2 min 平均风速值大 2 m/s 以上,当风速<17 m/s 时,瞬间风速比 2 min 平均风速值大 1 m/s。即当风速越大时,瞬间风速值也比 2 min 平均风速值越大(表 4.7)。

表 4.7 同站点瞬间风速和 2 min 平均风速差值

站名	瞬间和 2 min 平均风速平均差值	瞬间和 2 min 风速≥17 m/s 平均差值	瞬间和 2 min 风速<17 m/s 平均差值
阿拉山口	1.1	3.2	1.0
铁泉	1.4	2.3	1.0
十三间房	1.4	2.4	0.9

4.2.5 模式预报分析

MM5 模式是由美国宾州大学(PSU)和美国国家大气科学研究中心(NCAR)开发的非静力平衡中尺度模式,可以定量提供多种气象要素预报。其预报结果每天输出两次,08 时和 20 时各输出一次,风的预报时效为 48 h。以下是 MM5 模式预报效果检验。

首先我们将对阿拉山口、铁泉、十三间房选定的 14 场天气,1477 个时次的逐小时风用 MM5 模式进行反算,与大风自动站同时次资料进行比较,见表 4.8,可以看出,MM5 模式预报结果和实况还是存在一定的系统性误差,通过不同预报时效分析可以看出,MM5 模式 24~36 h 预报结果误差最小,相对较稳定,因此最终确定,利用 MM5 模式 24~36 h 预报来制作未来 1~12 h 短时预报取值,由于存在系统性误差,我们将对模式的结果作系统性订正后,建立大风的精细化 1~12 h 预报。

表 4.8 MM5 模式不同预报时段误差检验表(表内数字单位:m/s)

站名		1~12 h	12~24 h	24~36 h	36~48 h
阿拉山口	平均	3.1	3.0	2.8	3.3
	≥10	7.9	7.6	7.0	8.2
	≥17	13.4	13.3	12.4	13.6
铁泉	平均	8.1	7.2	6.7	6.9
	<10	−0.6	−0.4	−1.1	−1.4
	≥10	11.5	10.3	9.8	10.3
	≥17	13.3	12.0	11.4	11.9

站名		1～12 h	12～24 h	24～36 h	36～48 h
十三间房	平均	8.8	9.4	8.9	9.2
	≥10	8.9	9.0	8.8	9.0
	≥17	7.3	7.2	7.0	7.1

图 4.4～4.6 为 MM5 预报结果和实况对照曲线,红色为实况。可以看到,除 2006 年 9—12 月期间风报的较差外,其余时段在风的变化趋势上还是比较一致,也就是说,MM5 模式对风的变化趋势上还是有一定的预报能力。

但也可以明显看出,MM5 预报值明显偏小,还不能直接作为预报结论使用。

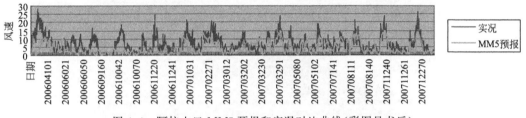

图 4.4　阿拉山口 MM5 预报和实况对比曲线(彩图见书后)

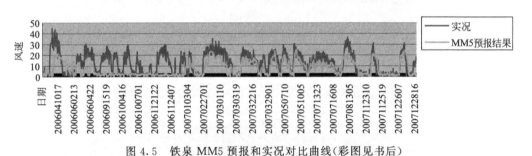

图 4.5　铁泉 MM5 预报和实况对比曲线(彩图见书后)

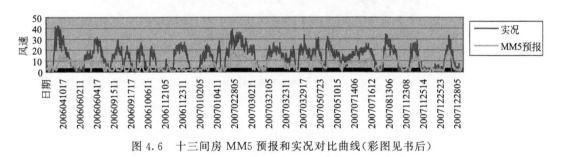

图 4.6　十三间房 MM5 预报和实况对比曲线(彩图见书后)

4.2.6　预报方程的建立

对 MM5 预报结论和实况数据序列重新进行分析研究,得到三站预报方程(表 4.9)。

表 4.9　预报方程

站名	预报方程,其中 x 为 MM5 预报结果,y 为方程预报结果
阿拉山口	$y = 0.0032x^2 + 0.7866x + 2.6671$
铁泉	$y = -0.0142x^2 + 1.3119x + 2.3827$
十三间房	$y = 0.0066x^2 + 1.3133x + 3.8035$

通过预报方程计算的结果,误差已大大减小,预报与实况走势接近,基本模拟出了风变化过程。

但也存在两个问题,一是在实况风较小时,反而报的偏大;二是对极值预报能力还是较差,仍存在较大误差,应此还要通过误差订正给以解决。

4.2.7 误差订正

图 4.7~4.9 为预报方程结果和实况对照曲线图,可以看到,误差和风速成正比,风速越大,误差越大,而且线性相关性较好,这样就可以给出定量的误差分析方程(见表 4.10)。

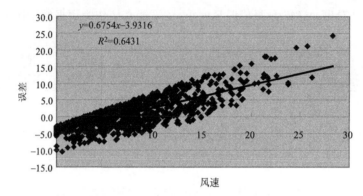

图 4.7 阿拉山口预报误差和风速关系

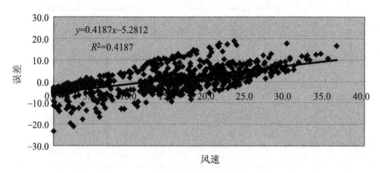

图 4.8 铁泉预报误差和风速关系

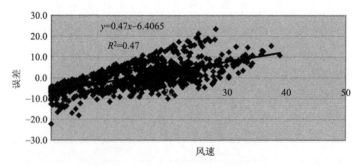

图 4.9 十三间房预报误差和风速关系

表 4.10 为计算出的误差订正方程。

表 4.10　误差方程

站名	订正方程	相关系数	0.01 信度检验结果
阿拉山口	$y=0.6754x-3.9316$	0.8019	√
铁泉	$y=0.4187x-5.2812$	0.6471	√
十三间房	$y=0.47x-6.4065$	0.6856	√

4.2.8　最终预报结论

这样我们以 MM5 预报为基础,通过方程计算,再进行系统误差订正,就得到了最终的预报结论。

图 4.10~4.12 为各种预报结论和实况对比曲线,红线为实况,蓝线为最终预报结论,可以看出,预报趋势与实况非常接近,且极值也基本吻合。

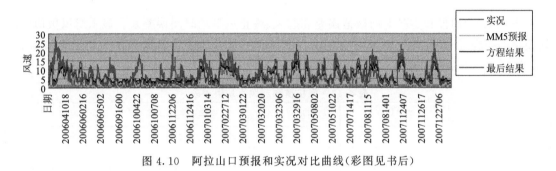

图 4.10　阿拉山口预报和实况对比曲线(彩图见书后)

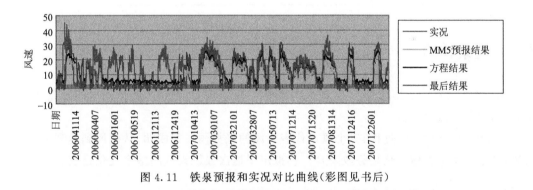

图 4.11　铁泉预报和实况对比曲线(彩图见书后)

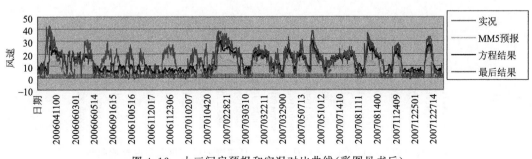

图 4.12　十三间房预报和实况对比曲线(彩图见书后)

4.2.9 预报误差

利用建立的方程再进行历史数据反算,得到实况与预报误差情况如表 4.11 所示。

表 4.11 预报方程误差表

站名	原始预报误差	方程误差	订正后误差
阿拉山口	2.3	0.44	0.41
铁泉	5.1	1.7	2.4
十三间房	7.4	0.9	1.4

可以看出,通过方程和误差订正,误差大大减小,由原来平均一级半左右的风级误差减小到半级误差。

4.2.10 对风极值和起风的预报能力

表 4.12 为预报和实况平均极值误差和起风、终止风平均时间误差表。显示对风极值的时间预报误差为 2～3 h,说明对风极值出现的预报有一定可信度。起风和终止风时间偏晚 1～3 h,仍具备一定的预报能力。

表 4.12 风极值和起风平均误差表 （单位:h）

站名	极值平均误差	极值出现平均时差	起风时间平均误差	无大风时间平均误差
阿拉山口	6.2	−2.4	2.7	−2.3
铁泉	4.4	−2.5	−3.5	−1.5
十三间房	6.4	−2	−1.2	−1.3

4.3 效果检验

图 4.13～4.15 为 2008 年 4 月 17—21 日的一次寒潮天气过程,我们用上述研究结论进行了计算,进行了效果检验。

可以看出,这次天气过程,三个风口代表站风的趋势预报很成功,从起风到达到最大,到无大风,预报和实况整体变化趋势较吻合。模拟出了这次强风天气的整个变化过程。

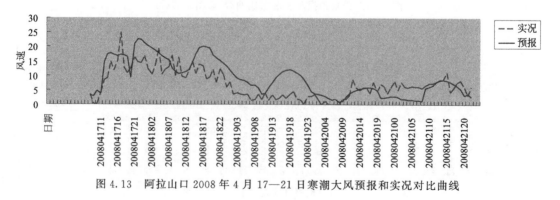

图 4.13 阿拉山口 2008 年 4 月 17—21 日寒潮大风预报和实况对比曲线

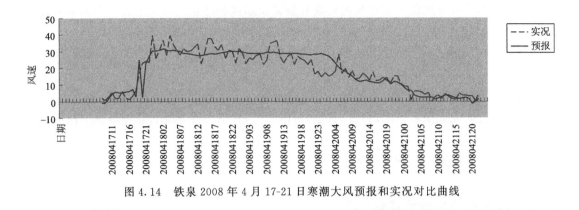

图 4.14　铁泉 2008 年 4 月 17-21 日寒潮大风预报和实况对比曲线

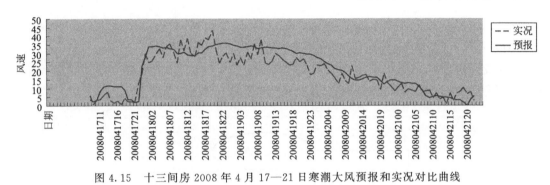

图 4.15　十三间房 2008 年 4 月 17—21 日寒潮大风预报和实况对比曲线

表 4.13 为这次寒潮天气的单个过程统计数据。可以看出,起风时间预报非常成功,风极值出现时间误差也很小,但风定时瞬间极值误差略大,总体来说运用上述研究方法来制作精细化预报还是基本成功的。

表 4.13　效果检验误差表 (单位:h)

站名	极值误差	极值出现时差	起风时间误差	无大风时间误差
阿拉山口	−2.4	−4	+4	−10
铁泉	−8	+2	0	−8
十三间房	−7	−3	0	−1

4.4　结论

4.4.1　本系统提供了一种可以预报未来 1~12 h 风速变化的预报方法。

4.4.2　MM5 模式作为一种基础性预报结论,在风的趋势变化上有一定的参考价值,可以作为预报的基础性结论,但误差较大。

4.4.3　MM5 模式对风量级的预报有一定的系统性误差,风速越大,总体误差也越大,不能直接作为预报结论使用,要进行系统性误差订正。

4.4.4　以 MM5 模式的预报结论为基础,重新建立预报方程,进行系统误差订正,最终得到未来 1~12 h 预报,实况和预报较吻合,预报的误差大大减小,对风的预报趋势和预报量级上都更加接近。

4.4.5　本系统对风极大值出现的时间和量级及起风和终止风时间上有一定的参考价值。

4.4.6　此研究方法可以以点带面,对整个铁路风区沿线提供精细化站点预报。

4.4.7　在预报时效上结合其他相关的研究成果,可以进一步研究更长或精确到小时内的风变化规律,并推断预计的时间内可能出现的最大极值。

4.4.8　可以实现业务化和自动化。

4.4.9　此研究成果有一定的推广价值,可以在公路、电力等其他行业领域推广使用。

4.5　大风数值模式的业务运行

4.5.1　模式运行的硬件环境

硬件环境根据需求而定,一般非实时业务试验,没有时间限制,一般的微机即可,积分几天、几周或几月,只要等得起。但实时业务要求须在一定的时效内完成。

目前我们用 SGI Altix350 16 个安腾 CPU(每个 CPU 相当于 4 个 X86_64 核)运行模式。36 h 预报积分时间 74 min。业务模式作业流程如图 4.16 所示。

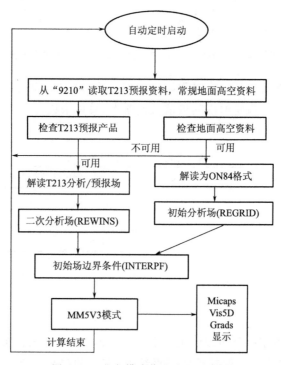

图 4.16　业务模式作业流程示意图

4.5.2　软件平台

4.5.2.1　操作系统

在 PC 微机或在工作站上运行 MM5,要求采用 Linux 或 UNIX 操作系统。

随着 Internet 应用的日益普及,Linux 已经成为当前十分流行的一种操作系统。它几乎和 UNIX 一样,功能非常强大,可以作为个人工作站、X 终端客户或 X 应用服务器使用。通过简单安装,就可以获得 Linux 提供的多项网格服务,如域名服务、电子邮件、匿名 FTP 服务等,同时还提供了 UNIX 图形工作站所具有的 X-WINDOWS。对于科学计算,一般 Linux 系统也提供免费的各种编译器。由于 Linux 与 UNIX 非常相似,运行于巨型机 UNIX 上的软件很容易移植于 Linux。在巨型机上实现的任务也可能在 Linux 操作平台的微机上实现,事实上目前的 MM5V3 就提供 Linux 版,适合各种机型(最新详细资料可以从有关网站查阅)。

4.5.2.2　编译器

编译器的优劣决定了程序生成机器代码时的执行效率。并非任何一个软件都能在多 CPU 机器上并行执行。能否执行取决于三点,其一是要有支持并行的操作系统(如 Linux),其二是支持并行计算的编译器,其三是软件具有并行计算方案。本书所述模式支持并行计算,采用支持并行计算的 PGI 7.1 for Linux 进行编译或用 Intel fortran10.0 编译效率很高。

4.5.3　模式的硬件连接及通信流程

模式启动后,先用 FTP 方式与"9210"服务器联网,读取初始数据,积分进行完毕后再与业务局域网以 FTP 连接,把结果传至局域网文件服务器。

充分利用 Linux 操作系统的多任务特点,作业可放在后台运行。事先制定好任务表,完全自动定时启动,无须人工干预,每天积分两次,第一次用北京时间 20 时资料,次日 01:30 启动,很好地利用晚上充足的时间,进行模式计算;第二次加进 08 时资料 12:30 启动,进行模式计算。模式的硬件及通信流程如图 4.17 所示。

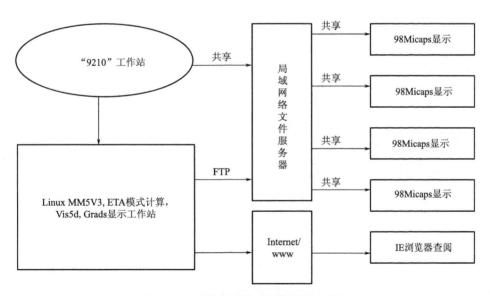

图 4.17　模式的硬件及通信流程示意图

系统先从"9210"工程的 VSAT 接收工作站中读取 T106 预报分析资料,以及高空地面报文,通过前处理系统为模式提供初始场和边界条件。为了充分利用每天的高空资料的中尺度信息,又不破坏原程序的完整性,本系统编写了高空地面报文转换为 ON84 格式的程序,因为不论哪种报文格式,相对较稳定,而模式改动升级较频繁,因此,不修改模式的报文接口,而用程序对报文进行必要的格式转化,这样要容易做。另外,针对 LITTLE_R 模块使用的数据格式,系统也提供了报文转换程序供实际预报选用。积分完成后,由后处理系统为 Grads 生成数据;再插值到所需站形成预报数据,通过网格以 FTP 方式传至局域网络文件服务器,供预报员及有关人员查看。

第5章 铁路防风应用技术

5.1 概述

兰新线自开通运营以来,遭遇过多次大风灾害,给铁路的运输生产带来了巨大的经济损失和严重的社会影响,使新疆成为我国乃至世界上铁路风灾最严重的地区。

据统计,1960—2002年新疆境内铁路运输因风害造成列车脱轨、倾覆事故为32起,损毁货车111节,客车11节。1979年4月,大风吹翻1512次货车16辆空车,中断运行长达37 h 40 min。2007年2月,大风导致5807次客车11节车厢脱轨、颠覆,3人死亡,2人重伤。

因大风造成的列车停运、晚点更是数不胜数。2003年3月,"百里风区"刮起10~12级大风,造成数十列货车滞留,46列旅客列车晚点,列车滞留最长达39 h。2006年4月9日至11日,"百里风区"和"三十里风口"发生了约三十年一遇的大风,最大风速达46.7 m/s(两分钟平均风速),瞬间最大风速54.6 m/s,大风卷起的砂砾将2000多块机车和列车的车窗玻璃打碎,风沙影响行车近27 h,中断行车22 h 48 min,上下线累计停轮132列,其中沿线保留客车41列,造成旅客滞留27000名。2007年1—12月,大风影响客车535列,运行晚点454列,停运81列,影响货物列车3493列,运行晚点1075列。

大风天气保证列车安全运行、提高运输效能是中国铁路乌鲁木齐局集团有限公司几十年来不断探索和实践的重大课题。

中国铁路乌鲁木齐局集团有限公司曾在1985年至1993年投入力量,与北京大学、航天部七一所、铁道部科学研究院合作,对挡风墙和防风安全运行标准进行了研究,修建了13处挡风墙,提出了初步的大风运行办法,为防风安全运输起到了一定的作用。但是由于当时资金和条件所限,研究大多集中在挡风墙的防风效果、合理高度以及棚车的安全性上,现场试验未能给出70 km/h以上的车速与翻车风速的关系等重要指标,同时未能建立全面有效的大风监测预警系统,研究深度和广度远远不够,无法满足建立科学、完善、有效的防风安全体系的需要。

2003年起,为了适应铁路不断提速的要求,由中国铁路乌鲁木齐局集团有限公司牵头,与新疆维吾尔自治区气象局、中南大学、西南交通大学、铁道科学研究院等单位合作,开展了针对新疆铁路防风安全技术的相关研究,在大风季节先后进行了三次现场试验。2003年4月3日(无挡风墙区段和挡风墙区段)和2004年3月14日(挡风墙区段)分别进行了列车运行稳定性和挡风墙有效遮蔽区试验。根据铁路不断提速的形势要求,于2006年4月23日在"百里风区"挡风墙区段以140 km/h的车速进行了实车表面压力分布试验,测试了客车车体及车窗在大风条件下的风压分布,对车辆阻力、升力、倾覆力矩等主要气动特征进行了定量测试和分析。

本研究采用了现场实车试验、数值模拟、风洞试验相结合的方法,以兰新线"百里风区"为典型研究对象,对挡风墙工程的有效性、车辆主要气动力系数等进行了定量的测试和分析,得出了关于大风条件下列车运行倾覆稳定性的相关重要结论,确定了大风期间列车安全运营的风速限值和车速限值,并结合多年来大风条件下的安全运行经验,对中国铁路乌鲁木齐局集团有限公司现行《大风天气列车安全运行办法》进行了多次调整和修正,再结合大风监测系统和防风防沙工程,形成了一个综合性的立体防风安全体系(图 5.1),以实现在充分保证安全的前提下,最大限度地发挥新疆铁路运输的经济效益。

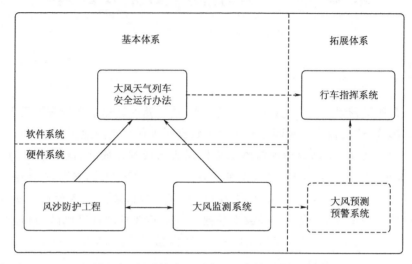

图 5.1 新疆铁路风区防风安全体系结构简图

5.2 列车在横向风作用下的受力分析

横向风是指列车运行过程中垂直于列车运行方向的风。列车在横向风作用下的倾覆问题是影响新疆铁路风区列车运行安全的主要问题,所以本书主要针对横向风作用下的车辆倾覆问题开展研究。本研究以单车为研究对象进行受力分析,只考虑邻车产生的气动力的影响,而不考虑车钩力的影响。

车辆在横向风作用下的受力模型如图 5.2 所示。

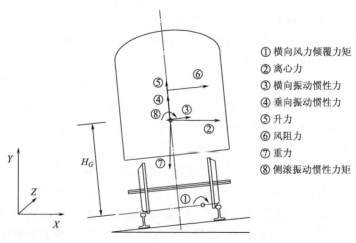

① 横向风力倾覆力矩
② 离心力
③ 横向振动惯性力
④ 垂向振动惯性力
⑤ 升力
⑥ 风阻力
⑦ 重力
⑧ 侧滚振动惯性力矩

图 5.2 车辆在横向风作用下的受力简图

42

影响车辆倾覆稳定性的气动力主要包括：车辆在垂直方向受到的升力 F_Y，以及作用于以车辆的车长方向为轴的倾覆力矩 M_Z，可分别用式（5.1）和（5.2）表示。

$$F_Y = C_Y \cdot \frac{1}{2}\rho V_T^2 \cdot S_Y \tag{5.1}$$

$$M_Z = C_{mz} \cdot \frac{1}{2}\rho V_T^2 \cdot S_X L_X \tag{5.2}$$

式中，F_Y 表示车辆在 Y 方向所受到的气动升力（kN）

M_Z 表示车辆所受横向气动倾覆力矩（kN·m）

C_Y 表示车辆气动升力系数

C_{mz} 表示车辆气动倾覆力矩系数

ρ 表示空气密度（kg/m³）

V_T 表示横向路堤风速（m/s）

S_X 表示车辆迎风侧面积（m²）

S_Y 表示车辆底部面积（m²）

L_X 表示车体 X 方向特征长度（m）

车辆在曲线上运行时还会受到离心力的作用。在铁路建设时会在曲线外轨设置超高，以平衡离心力的作用。外轨超高值与车速有关，一般来说，外轨超高根据线路上运行车辆的加权平均速度和允许欠超高等设置。当车辆实际运行速度与该平均速度不一致时将会产生未被平衡的离心力矩 M_Q，M_Q 可由式（5.3）表示（M_Q 正值表示线路处于欠超高状态，负值表示线路处于过超高状态）。

$$M_Q = m \cdot \left[\left(\frac{V}{3.6}\right)^2 \cdot \frac{1}{R} - g \cdot \frac{h}{D} \right] \cdot H_G \tag{5.3}$$

式中，M_Q 表示车辆未被平衡力矩（kN）

m 表示车辆质量（kg）

V 表示列车运行速度（km/h）

R 表示线路曲线半径（m）

h 表示曲线外轨超高（mm）

D 表示两侧轮轨接触斑距，取 1500 mm

g 表示重力加速度（m/s²）

H_G 表示车辆重心距轨面高度。

5.3　关于车辆气动力系数的重要结论

在众多的车辆气动力系数中，C_{mz} 和 C_Y 是计算临界倾覆风速的重要指标，可通过风洞试验、现场试验或 CFD（计算流体动力学）数值计算得到。通过实验研究和数值计算，我们得出了关于车辆气动力系数的重要结论。

5.3.1　车辆气动力系数与来流风速的关系

根据 2006 年现场试验，将列车在不同横向风速时的气动力系数绘制成图，如图 5.3 所示。

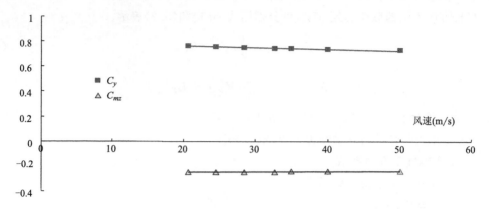

图 5.3　列车静止时气动力系数与横向风速的关系

从理论上讲,车辆气动力系数只与车辆和风场障碍物形状特征有关,与风速大小无关。在 1992 年的风洞试验中,参考风速从 30 m/s 到 66 m/s,车辆气动力系数也基本保持不变,图 5.3 所示的结果也说明了这一点。也就是说,风速大小的变化不影响车辆的风压分布和气动力系数。所以,我们只要得到了不同工况下的气动力系数,就可以通过式(5.1)和式(5.2)计算车辆在不同风速下所受的升力和倾覆力矩。

5.3.2　车辆气动力系数与列车运行速度的关系

车辆的倾覆力矩系数是考证车辆倾覆稳定性的重要参数。根据现场试验和风洞试验得知,车辆的倾覆力矩系数与车速存在线性规律,车辆倾覆力矩系数随着车速的增加而线性增加。两者之间关系如表 5.1、图 5.4,表 5.2、图 5.5 所示。

表 5.1　25K 型客车倾覆力矩系数与车速的关系

车速(km/h)	0	20	40	60	80	100	120	140	160
倾覆力矩系数 C_{mz}	0.36	0.39	0.43	0.46	0.5	0.53	0.56	0.6	0.63

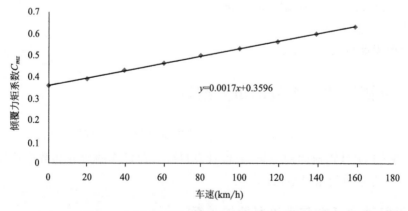

图 5.4　25K 型客车倾覆力矩系数与车速的关系

表 5.2　P64 型棚车倾覆力矩系数与车速的关系

车速(km/h)	0	20	40	60	80	100	120
倾覆力矩系数 C_{mz}	1.08	1.17	1.26	1.36	1.45	1.54	1.63

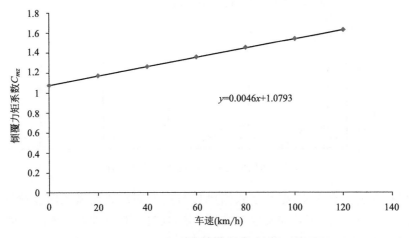

图 5.5　P64 型棚车倾覆力矩系数与车速的关系

另外,随着车辆速度的增加,其升力系数线性降低,但降低的幅度(斜率)远小于倾覆力矩增加的幅度。现场试验和计算表明,除油罐车外,其他车型收受的升力很小,可以忽略不计。如表 5.3、图 5.6 所示。

表 5.3　G17 油罐车升力系数与车速的关系

车速(km/h)	0	30	50	80	100	120
升力系数 C_y	2.726	2.692	2.6632	2.6434	2.627	2.6121

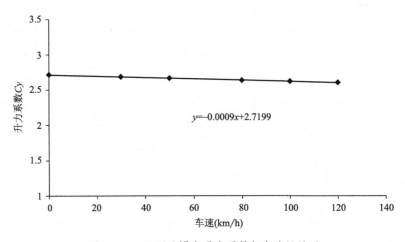

图 5.6　G17 型油罐车升力系数与车速的关系

5.4　挡风墙的防风效果分析

在 2004 年 3 月 14 日的现场试验中,对挡风墙的遮蔽效应进行了实地测试。现场实验表明,挡风墙背后风速急剧降低,风向也发生了明显的变化。

现场测试点共选择了两处,分别位于红层西 1 测风点和猛进测风点。

测试点布置如图 5.7 所示。共设了 7 处测点,测试断面 A、B、C、D、E、F、G 分别距挡风墙内侧 1.15 m、3.2 m、7.7 m、14 m、22 m、31 m、38 m。

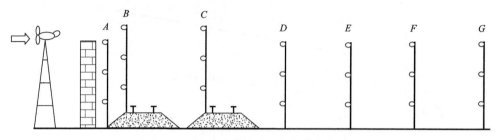

图 5.7　挡风墙遮蔽效应现场测试地布置图

采用测风杆安装 3 台 EN2 型数字式测风仪与远方固定式测风仪同步测试。测风杆长 3 m,分别在 1 m、2 m、3 m 高处安装数字式测风仪,通过计算机等设备进行实时采集,获得挡风墙后梯度风分布,并与远方固定测风仪同步比较。

每处测点连续测试 5 min,现以 B 断面为例作数据分析,测试数据见表 5.4。

表 5.4　红层西 1 测风点挡风墙后风速变化(B 断面)　　　　　　　　　（单位:m/s）

观测时间	固定测风仪	3 m 测风仪	2 m 测风仪	1 m 测风仪
22:46:32	23.5	7.3	4.8	3.3
22:47:02	24	6.5	4.4	3.3
22:47:32	24.4	5.3	4	3.2
22:48:02	24.5	4.3	3.7	3.2
22:48:32	25.6	4	3.1	2.7
22:49:02	24.7	4	3.2	2.8
22:49:32	24.3	4.4	3.8	3.6
22:50:02	24.1	4.7	4	3.6
22:50:32	24.8	4.7	4.7	4
22:51:02	25.6	4.7	4.8	4.2
22:51:32	24.5	4.4	4.4	3.8
22:52:02	23.5	4.4	4.3	3.8
平均值	24.46	4.89	4.1	3.46

远方固定测风仪数据与 3 m、2 m、1 m 测风仪测试数据平均值对比直方图如图 5.8 所示。

现场试验和数值计算表明,挡风墙防风效果显著,挡风墙背后风速急剧降低,风速只有挡风墙外远方风速的 20%～30%,风向也发生了明显的变化,车辆倾覆力矩大幅降低。当风速在 24 m/s 时,3 m 高挡风墙的遮蔽范围达到了 38 m 以上,当风速大于 24 m/s 时,遮蔽范围有可能进一步加大。

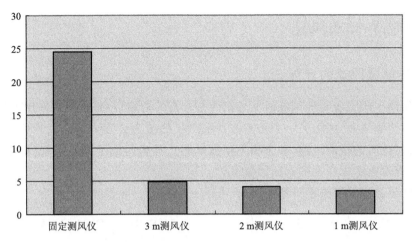

图 5.8　挡风墙后不同高度风速与远方固定测风仪风速比较（B 断面 3.2 m）

图 5.9 显示了横向风作用下客车横截面流线图。表 5.5 为在有无挡风墙的情况下倾覆力矩系数 C_{mz} 的变化,表 5.6 为挡风墙段客车倾覆力矩最大值与自重稳定力矩的比较。

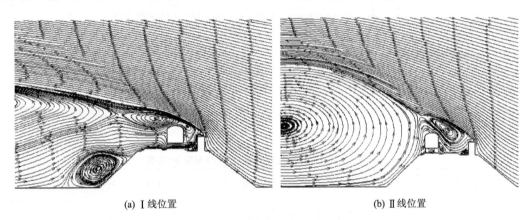

(a) Ⅰ线位置　　　　　　　　　　　　　　　　　(b) Ⅱ线位置

图 5.9　客车在路堤上不同位置的横截面流线图

表 5.5　客车、货车在有无挡风墙的情况下倾覆力矩系数 C_{mz} 的变化

	无挡风墙	有挡风墙	倾覆力矩减少率
客车 YZ_{22}	0.48	0.02	95.8%
货车 P_{60}	1.20	0.04	96.7%

表 5.6　挡风墙段客车倾覆力矩最大值与自重稳定力矩比较

	风速 (m/s)	车速 (km/h)	倾覆力矩最大值 (kN·m)	自重稳定力矩 (kN·m)	倾覆力矩占自重 稳定力矩百分比
现场实测	21.2	99	51.369	273.600	18.78%
数值计算	50	0	71.620	273.600	26.18%
	40	140	82.033	273.600	29.98%
	50	140	112.830	273.600	41.24%

5.5 车辆临界倾覆风速

5.5.1 临界倾覆风速的计算

横向风作用下倾覆稳定性判断需要考察两个方面的力矩,一是横向风作用下的倾覆力矩,主要通过倾覆力矩系数计算;另一个是车辆自重产生的重力稳定力矩。二者相等时列车达到临界稳定状态,此时的横向风速,称为临界倾覆风速。考虑其他不可测因素,根据铁道车辆动力学规定,计算时需考虑 0.8 的车辆倾覆系数。

车辆的临界力矩平衡方程可由式(5.4)表示。

$$C_{mz} \cdot \frac{1}{2}\rho V_L^2 \cdot S_X L_X = \left(G - C_y \cdot \frac{1}{2}\rho V_L^2 S_Y\right) \cdot \frac{1}{2}D \cdot 0.8 \mp M_Q \quad (5.4)$$

式中,V_L 表示车辆临界倾覆风速(m/s),G 表示车辆重力(kN)。

式(5.1)经过转化后,可得车辆的临界倾覆风速,由式(5.5)表示。

$$V_L = \sqrt{\frac{G \cdot D \cdot 0.8 \mp 2M_Q}{\sqrt{C_{mz} \cdot \rho \cdot S_X L_X + C_y \cdot \frac{1}{2}\rho \cdot S_Y \cdot D \cdot 0.8}}} \quad (5.5)$$

5.5.2 临界倾覆风速与车速的关系

随着车速的增加,车辆倾覆力矩系数线性增加,而临界倾覆风速则按负指数降低。现将典型车型(25K 型客车和 P64 型棚车)的计算结果列于表 5.7 和表 5.8 中,对应的图如图 5.10、5.11 所示。

表 5.7　25K 型客车临界倾覆风速与车速的关系

车速(km/h)	0	20	40	60	80	100	120	140	160
临界倾覆风速(m/s)	54	52	49	48	46	45	43	42	41

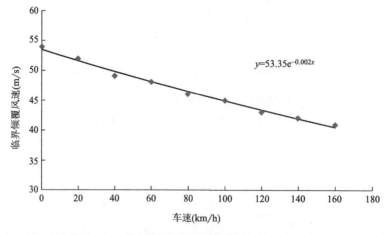

图 5.10　25K 型客车临界倾覆风速与车速的关系

表 5.8　P64 型棚车临界倾覆风速与车速的关系

车速（km/h）	0	20	40	60	80	100	120
临界倾覆风速（m/s）	35	34	32	31	30	29	28

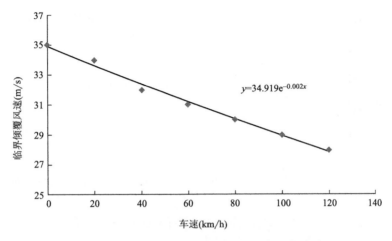

图 5.11　P64 型棚车临界倾覆风速与车速的关系

5.5.3　临界倾覆风速与车重的关系

理论分析和现场实测表明,随着车中的增加,车辆的临界倾覆风速也在增加。现将典型车型(25K 型客车和 P64 型棚车)的计算结果列于表 5.9 和表 5.10 中,相应的图如图 5.12,5.13所示。

表 5.9　25K 型客车临界倾覆风速与车重的关系

车重（t）	48.8	53.8	58.8	63.8
临界倾覆风速（m/s）	41	42.5	43.9	45.3

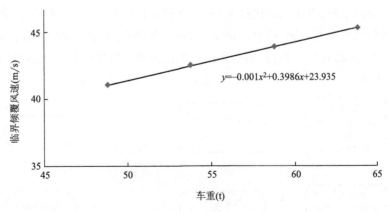

图 5.12　25K 型客车临界倾覆风速与车重的关系

表 5.10　P64 型棚车临界倾覆风速与车重的关系

车重(t)	25.4	35.4	45.4	55.4	65.4
临界倾覆风速(m/s)	30	35.4	40.1	44.3	48.1

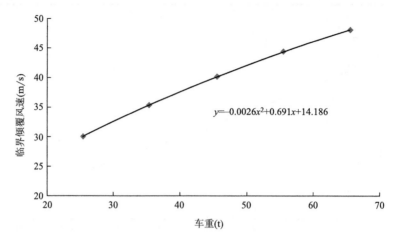

图 5.13　25K 型客车临界倾覆风速与车重的关系

5.6　大风天气列车安全运行标准的确定

5.6.1　确定原则

《大风天气列车安全运行办法》为铁路行车标准,建立在大风监测系统和防风防沙工程基础之上,是新疆铁路大风季节指挥行车的重要依据,其主要内容是在大风天气下如何安全行车,核心在于确定在当前研究成果及防护体系下,不同车型大风期间行车的合理风速限值和车速限值。由于横向风是影响新疆铁路强风地区安全运营的最主要因素,所以制定办法时主要考虑横向风作用下的列车倾覆问题。

大风地区列车安全运行风速限值和车速限值的基本原则是,根据不同车型(客车、棚车、油罐车等)、不同载重(空车、重车)、不同线路条件(允许运行速度、最小曲线半径、曲线外轨超高、曲线朝向等)下的临界倾覆风速,结合不同运行条件(线路积沙、能见度、砂石击碎机车或客车车窗玻璃等),取一定的安全系数,分别得到停轮风速限值和减速运行风速限值(速度限值要考虑现场实设曲线条件)。强风易发区列车安全运行限值的确定原则如图 5.14 所示。

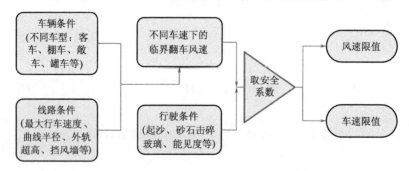

图 5.14　强风易发区列车安全运行限值的确定原则

5.6.2 风速限值的确定

5.6.2.1 无挡风墙区段风速限值

根据中国铁路乌鲁木齐局集团有限公司和铁道科学研究院、中南大学等单位合作研究成果,各种车型的防风能力以客车防风稳定性最好,棚车最差。由于棚车是最不利车型,同时考虑到客车的重要性,制定运行办法时以这两种车型为控制车型,并对毒品车、装运集装箱的平板车和棚车等危险车型做出较严格的限制。车辆临界倾覆风速如表 5.11 所示。

表 5.11 车辆临界倾覆风速(m/s)

车型	临界倾覆风速
客车(YZ22)	56(空)/67(重)
客车(YZ25)	44(空)/55(重)
棚车	33(空)/50(重)

将临界倾覆风速取一定的安全系数(客车取 1.3,空棚车取 1.2),得出防止翻车停轮风速客车为 33.8 m/s,空棚车为 25 m/s。根据多年经验和部分现场观测,该地区形成较大风沙流的起沙风速在 40 m/s 以上。

综合以上分析,无挡风墙区段的风速限值主要影响因素为临界倾覆风速,适当考虑风级划分的习惯,在无挡风墙列车停轮的风速限值为:客车 32.7 m/s,空棚车 25 m/s。

5.6.2.2 有挡风墙区段风速限值的判定

数值计算表明,列车在挡风墙内在 50 m/s 风速下以 140 km/h 速度运行,无因风倾覆的危险。所以在挡风墙区段列车停轮风速主要考虑起沙风速(线路积沙、砂石击碎列车玻璃)的影响。

根据以上分析,挡风墙区段风速限值应根据起沙风速取一定的安全系数确定,考虑到尽量贴近风速级别,挡风墙区段的停轮风速限值定为 41.5 m/s。是否有提高的余地,需经现场实车试验和风沙流研究成果取得后确定。

另外,起沙风速也不是一成不变的,主要受地表稳定度的影响。上风区稳定地表被破坏、洪水带来新的沙源等等都可能会使起沙风速大大降低,在较小的风速下也可能造成线路积沙。一旦形成风沙流,能见度也会大大降低,对安全运行带来较大的影响。目前中国铁路乌鲁木齐局集团有限公司尚无沙尘和能见度监测手段,应加强人工监测,在可能出现积沙或能见度变差时,对列车进行速度限制,做好随时停车避险的准备。

5.6.3 车速限值的确定

从既有研究成果上看,列车倾覆力矩系数随车速的增加而线行增加,临界倾覆风速随着车速的增加而降低,列车减速运行可以提高列车的抗风稳定性。

减速运行对提高列车防风稳定性有明显的作用,所以为了保证安全性,在列车达到停轮风速限值前,对列车车速进行限制,可以较好地提高列车运行安全性并为特殊情况下的紧急避险留有余地。为了提高可操作性,将停轮风速限值降低一档作为减速运行风速限值,无挡风墙区段车速限值定为 30 km/h,有挡风墙地段车速限值定为 60 km/h(为了保证列车运行平稳性和司机瞭望及操作,进行适当的限速也是必要的)。

5.7 大风天气安全行车风速取样标准和运行风区的确定

5.7.1 风速时距的选择

实时风速曲线中,风速包含两种成分:一种是长周期部分,即稳定风(平均风),其值通常取10 min 以上均值;另一种是短周期部分,即脉动风,通常只有几秒左右。目前我国建筑结构设计规范中,风速相关的内容一般采用 10 min 平均风速。

10 min 平均风速对风的脉动性反应十分不敏感,忽略了较多的瞬时极值;而瞬时风速脉动性非常大,不利于指挥行车。为了综合考虑稳定风和脉动风的影响,大风天气列车安全运行办法中主要采用两分钟平均风速为依据,中国铁路乌鲁木齐局集团有限公司多次进行的现场试验也是以两分钟平均风速为依据的。

瞬时风速是造成列车倾覆的重要因素。由于列车存在一定的惯性,瞬时风速对列车的影响研究有一定的难度,我国现有研究均未对瞬时风速作深入的研究。查阅国外有关资料,表明瞬时风速超过车辆临界风速一定值,持续超过 2~5 s 就可能造成列车倾覆。所以,为了降低风的脉动性对调度指挥的影响,同时保证列车运行的安全性,大风天气列车安全运行办法中以两分钟平均风速为主要依据,并且引入瞬时风速对可能出现的瞬时极大值进行控制,即同时用平均风速和瞬时风速进行控制。

5.7.2 不同时距风速的统计关系

风速时距越大,风速越小;风速越大,瞬间风速的脉动范围也越大;平均风速和瞬间风速存在一定的统计关系。

根据我国著名气象学家朱瑞兆教授多年的统计研究(朱瑞兆,2008),两分钟平均风速与瞬间风速的回归方程:$y=1.266x+0.57$(其中,y 代表瞬间风速,x 代表两分钟平均风速)。

但是,上述回归方程还受不同地域及当地地形地貌的影响,需用现场实测资料进行修正。大风受地形影响越大的地区,其"阵风系数"也就越大,所以根据新疆铁路强风地区的特点,为安全计,我们取南疆铁路前百公里风区为典型研究对象,经统计分析后得到了瞬时风速与两分钟平均风速之间的关系为:$y=1.33x+1.50$,相关系数 $R=0.88$,满足气象专业规定的相关条件,如图 5.15 所示。

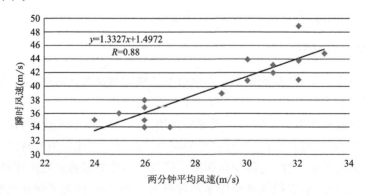

图 5.15 南疆线前百公里风区两分钟平均风速与瞬时最大风速相关图

该方程与朱瑞兆教授的回归方程较为接近,由于该地区具有典型性,中国铁路乌鲁木齐局集团有限公司大风运行办法中的瞬间风速限值,均采用该比率偏于保守测算。

5.7.3　风速高度标准的确定

由于地表阻力等作用,风速是由地表向上逐渐增加的。现场实测和统计分析表明,新疆铁路风区风速廓线符合指数分布规律,风速廓线指数为 0.10～0.16。如图 5.16 所示。

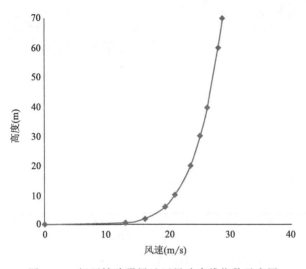

图 5.16　新疆铁路强风地区风速廓线指数示意图

新疆铁路风区气象台站很少,为了能准确得到风区关键点的风力,中国铁路乌鲁木齐局集团有限公司在风区建立了 83 个实时测风站点。这些站点基本涵盖了风区车站、区间关键点。

为了确定风速高度标准,中国铁路乌鲁木齐局集团有限公司会同新疆维吾尔自治区气象局等相关单位,于 2003 年 4 月 3 日对"百里风区"测风点的数据与路堤风速进行了对比,路堤风速取路堤面以上 2.5 m 高度,经过实时测试对比,二者误差很小(＜5%)。据此,并考虑一定的安全余度,新疆铁路风区风速高度标准确定为轨面以上 4.5 m。

5.7.4　恢复运营的条件

新疆铁路强风地区大风变化情况较为复杂,如图 5.17 所示。由于风速变化在短时间内掌握起来非常困难,目前大风预测系统尚未接入调度指挥中心,为保证行车安全性,应确保不在大风上涨趋势内放行列车。当风速低于限值后,不能立即放行列车,应等到大风稳定一段时间并处于下降趋势后,才能恢复运行。参考气象专家的意见,在停轮风速限值的基础上降低 2 m/s,并持续保持 30 min 以上作为放行标准。

5.7.5　运行风区的确定

考虑到同一风口地区风速具有较强的相关性,列车通过一个区间需要一定的时间;同时现有测风系统为实时系统,尚无法做到提前预测,为充分保证安全,大风安全运行办法中的限制条件和解除限制条件均按运行风区掌握,即同一运行风区的风速采用该运行风区内所有测风

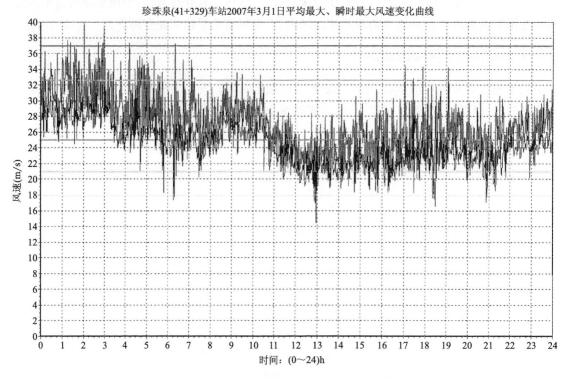

图 5.17　新疆铁路强风地区风速变化曲线

点所测的最大风速。

运行风区划的越大,安全性越高,通过能力越小;反之,运行风区划的越小,通过能力越大,安全性越低。

合理划分运行风区应综合考虑多种因素:风口因素、防风设施、车站条件、行车速度等。即:首先根据不同风口划分运行风区,再根据该风区风速分布(一般来说风口风区中心风速较高、两端风速略小)、防风设施等情况考虑细分运行风区,具有防风条件的车站可以作为细分运行风区的分界点。目前新疆铁路风区列车通过区间的时间约为 $10\sim30$ min,综合考虑现有条件,将"百里风区"划分了 3 个运行风区,南疆线前百公里风区划分了 2 个运行风区,其他风区按站间掌握运行风区。

5.8　现行大风天气列车安全运行办法

为保证大风期间安全行车,中国铁路乌鲁木齐局集团有限公司自 20 世纪 90 年代初开始制定大风天气列车安全运行办法,随着新疆铁路沿线大风监测报警系统的不断完善、风沙研究的不断深入和经验的不断总结,该办法经历了多次修改和完善。到目前为止,已形成由运行风区的划分、风速的采集和判断标准、风速限制和解除限制的条件、空重车判断标准防风安全措施、不同车型不同风沙防护条件下的运行标准、已进入风区的列车在风速超过限值时的运行办法、大风监测系统维护等组成的较为完整的行车办法,为保障大风期间行车安全起到了非常重要的作用。如表 5.12 所示。

表 5.12　现行大风天气列车安全运行办法主要内容

	平均风速 (m/s)	瞬时风速 (m/s)	安全运行要求
无挡风墙区段	≥18	≥21	严禁车门、车窗关闭不良的空棚车、空毒品车、空棚车改造的非运用车及空 PB 型棚车进入风区
	≥21	≥25	严禁下列车辆进入风区: 1. 未苫盖防风网的篷布车辆 2. 使用平车(包括专用平车)装运空集装箱、空罐式集装箱的车辆 3. 装载重点代号(仅指"军用代客车"及"按运输警卫方案运输的棚车")及装载剧毒品货物的车辆(包括押运人乘坐的空棚车)
	≥25	≥30	严禁下列车辆进入风区: 1. 蜜蜂车、家畜车 2. 空棚车、空毒品车、空棚车改造的非运用车及空 PB 型棚车(原冰保车)、装载重集装箱的平车 3. 行包专列空车回送、空重混编的列车(棚车车体) 4. 苫盖防风网的篷布车辆
	≥32.7	≥30	严禁列车(整列重油罐列车,由载重不少于 50 t 的重棚车、重敞车组成的列车以及执行特殊任务的列车除外)进入该风区
			准许旅客列车限速 60 km/h,货物列车限速 55 km/h 通过风区并做好随时停车的准备
			对已进入风区运行的列车,当风速超过 32.6 m/s 时,准许旅客列车限速 60 km/h,货物列车限速 55 km/h 通过风区,并做好随时停车的准备
	≥35	≥41	严禁由载重不少于 50 t 的重棚车、重敞车组成的列车(整列重油罐列车和执行特殊任务的列车除外)进入风区。
	≥37	≥46	严禁整列重油罐列车(执行特殊任务的列车除外)进入风区
			平均风速达到 25 m/s 及其以上,或已进入风区的列车在区间风速达到或超过本列车进入区间的限制风速时,以及因风造成机车车辆门窗玻璃破损的列车以不超过 30 km/h、整列重油罐列车以不超过 40 km/h 的速度通过风区,到前方站或到指定地点停车避风
有挡风墙区段	≥18	—	严禁车门、车窗关闭不良的空棚车、空毒品车、空棚车改造的非运用车及空 PB 型棚车进入该风区
	≥21	—	严禁下列车辆进入风区: 1. 未苫盖防风网的篷布车辆 2. 装载重点代号(仅指"军用代客车"及"按运输警卫方案运输的棚车")及装载剧毒品货物的车辆(包括押运人乘坐的空棚车)
	≥25	≥30	严禁下列车辆进入风区: 1. 蜜蜂车、家畜车 2. 使用平车(包括专用平车)装运空集装箱、空罐式集装箱的车辆 3. 苫盖防风网的篷布车辆
	≥30	≥40	严禁下列车辆进入风区: 1. 空棚车、空毒品车、空棚车改造的非运用车及空 PB 型棚车、装载重集装箱的平车 2. 行包专列空车回送、空重混编的列车(棚车车体)
	≥41.5	≥46	各种列车(执行特殊任务的列车除外)禁止进入该风区
			对已进入风区运行的列车,准许列车以不超过 60 km/h 通过风区
			平均风速达到 30 m/s 及其以上或瞬时风速达到 40 m/s 及其以上时,列车以不超过 60 km/h 的速度通过风区。因风造成机车车辆门窗玻璃破损时,列车以不超过 30 km/h 的速度通过风区

5.9　小结

中国铁路乌鲁木齐局集团有限公司经过多年的研究和探索,建立了风沙防护工程、大风监测预警系统和大风天气列车安全运行办法紧密结合的防风安全体系,并在实践中不断完善,取得了良好的效果,该体系在目前研究水平和技术条件下是行之有效的。

风沙灾害研究是个"古老而无止境"的研究课题,并随着社会发展而不断深入。由于条件的限制,以往的研究往往仅针对紧急需要的课题进行研究,大风天气运营指挥中尚存在许多"经验"的因素,研究成果的不足较严重地制约了运输效能的充分发挥。随着新疆铁路新一轮建设高潮的到来,特别是兰新线电气化改造工程不断加快以及即将开工的兰新铁路第二双线,为铁路防风提出了更高的要求。在铁道部相关部门的指导下,中国铁路乌鲁木齐局集团有限公司与新疆维吾尔自治区气象局、中南大学、铁道科学研究院、中铁西北科学研究院、西南交通大学等单位合作针对新疆铁路强风地区列车运行安全又开展了一系列的研究和现场试验,取得成果后,将会进一步完善和优化中国铁路乌鲁木齐局集团有限公司防风安全体系。

第6章 研究成果应用——"百里风区"风荷载值

新疆铁路"百里风区"位于东天山南侧(图6.1),一般指兰新铁路小草湖车站至了墩车站间,全长100多千米。这里地势北高南低,属东天山隆起与哈密凹陷过渡地带,海拔高度700~800 m,铁路以北为天山博格达山脉东的延哈儿为克山。博格达山与巴里坤山山间的七角井垭口就在其中,每年春秋两季,"吐鄯托"盆地上升的热气流与垭口南下的冷空气相遇,使天山南北气压梯度差提高,风速剧增,又因山地狭管效应以及北高南低地形的加速作用,在天山南麓形成了东西100多千米的大风带,即通常所称的"百里风区"。2 min最大风速达46.6 m/s,瞬时最大风速高达54.6 m/s,常威胁建筑物和过往车辆、人员的安全。

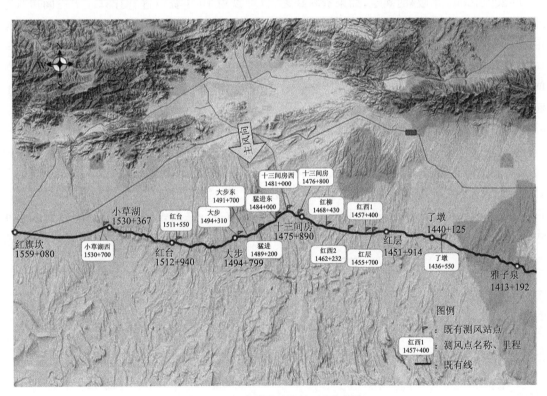

图6.1 兰新线"百里风区"示意图

国家标准GB 50009-2001《建筑结构荷载规范》(2006年版)中对"百里风区"的风荷载取值没有明确规定,因此,在"百里风区"工程设计施工以及大风灾害防御中,"百里风区"的风荷载取值成为亟待解决的问题。在充分收集整理了"百里风区"附近气象观测站的风资料后,充分利用新疆铁路大风监测报警系统中兰新铁路沿线大风监测站、兰新铁路第二双线气象观测站共18个站的风资料,在进行大风规律统计分析,按照《建筑结构荷载规范》的规定,利用贝努利公式进行基本风压的计算,并参照本地区气候、地理特点进行了"百里风区"基本风压的区域划分。

6.1 大风资料收集与整理

6.1.1 站点

"百里风区"内仅有十三间房 1 个国家气象站，以本站大风资料作为基本资料。兰新铁路有小草湖、红台、大步、大步东、猛进、猛进东、十三间房西、十三间房、红柳、红西 2、红西 1、红层、了墩等 13 个站。兰新铁路第二双线气象观测站（以下简称铁路二线观测站）有红台南、大步南、了墩南、十三间房南 1、十三间房南 2 等 5 个站。

6.1.2 资料整理

6.1.2.1 气象站资料序列

通常 50 年一遇极值风计算所用资料不能少于 25 年，根据《建筑结构荷载规范》（GB 50009-2001,2006 年版）的规定，如果资料缺乏，也可以用 10 年资料进行计算。十三间房气象站 1999 年 1 月从七角井气象站迁过来，从资料连续性看，两段资料序列存在差异，无法连续使用。因此选用十三间房 1999—2009 年观测资料，又因为规定用 10 min 最大风速，但该站 10 min 最大风速资料序列是从 2005 年有自动站才开始，因此提供了 2 min 定时最大风速作为辅助资料，用以计算 10 min 最大风速，这里的 2 min 定时最大风速是从一日四次（02、08、14、20 时）定时观测值里挑取的最大风速。

6.1.2.2 铁路沿线大风监测站资料

铁路沿线测风站为连续观测，采样频率为每 3 秒 1 次，根据气象行业标准处理为每小时 10 min 最大风速，再从 24 h 中选取日最大风速。收集了铁路沿线测风站 2004—2009 年的每日 10 min 最大风速、风向和发生时间，大风日数等，二线观测站 2009 年 3 月到 2010 年 5 月的每日 10 min 最大风速、风向和发生时间，大风日数等数据。兰新铁路沿线测风站资料起止年代见表 6.1。

表 6.1 铁路沿线测风站资料起止年代情况统计表

站名	资料年限	站名	资料年限
小草湖西	2008.5—2010.4	红西 2	2004.5—2010.4
红台	2004.5—2010.4	红西 1	2004.5—2010.4
大步	2004.5—2010.4	红层	2004.5—2010.4
大步东	2004.5—2010.4	了墩	2004.5—2010.4
猛进	2004.5—2010.4	红台南	2009.5—2010.4
猛进东	2004.5—2010.4	大步南	2009.5—2010.4
十三间房西	2004.5—2010.4	了墩南	2009.4—2010.1
十三间房	2004.5—2010.4		
红柳	2004.5—2010.4		

6.1.3 数据质量控制与预处理

气象站资料已经按《地面气象观测规范》（中国气象局,2003）的规定，经过严格的质量控制,即进行了空间和时间的逻辑检查。

铁路沿线测风站资料也进行了质量控制,即检查各测风站获得的原始数据,对其完整性和合理性进行判断,剔除不合理数据。对最大风速资料的代表性、可靠性和一致性进行分析。

6.2　大风时空分布

6.2.1　年大风日数

根据铁路沿线测风站历史资料初步统计,自 2004 年到 2010 年,该地区平均年大风日数(瞬时风≥17 m/s)约为 168 d,各测站大风日数情况如表 6.2、图 6.2 所示,大步—红西 1 之间年大风日数均超过 180 d,其中猛进东站是全区大风日数最多的站,平均每年 207 d。了墩站年大风日数明显少于其他测站。

表 6.2　铁路沿线测风站年大风日数统计表

站名	年大风日数(d)	站名	年大风日数(d)
小草湖西	136	十三间房	187
红台	151	红柳	184
大步	188	红西 2	183
大步东	187	红西 1	183
猛进	180	红层	150
猛进东	207	了墩	70
十三间房西	180		

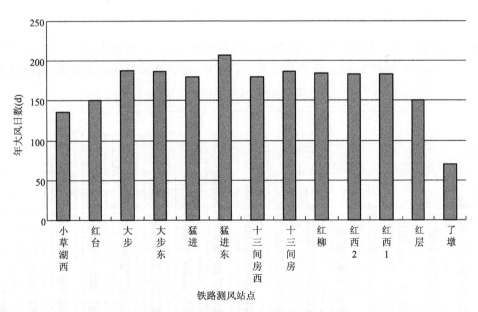

图 6.2　铁路沿线测风站年大风日数直方图

6.2.2　月大风日数

表 6.3 列出了铁路沿线测风站 2004—2010 年各月大风日数。从中可以看出,"百里风区"

4—9月大风日数相对较多,且大风日数多在15 d以上,其他月份大风日数相对较少,其中1月份大风日数最少。从各站月平均大风来看,猛进东和大步东大风日数较多,小草湖西和了墩各月大风日数小于其余站。

表6.3　各月平均大风(瞬时风≥17 m/s)日数(d)

站名	1月	2月	3月	4月	5月	6月	7月	8月	9月	10月	11月	12月
小草湖西	1	2	9	10	15	13	9	8	5	4	2	1
红台	3	7	14	16	19	19	16	17	15	12	6	3
大步	4	10	15	15	23	23	23	20	19	15	10	6
大步东	5	10	16	19	22	21	18	20	19	15	10	7
猛进	5	10	16	18	21	20	20	18	18	15	9	5
猛进东	8	13	18	19	21	22	23	21	20	16	12	10
十三间房西	6	10	16	18	21	19	19	18	17	13	9	8
十三间房	5	9	15	17	22	23	23	20	17	15	9	7
红柳	4	9	15	18	22	23	23	18	16	15	9	7
红西2	3	8	15	18	22	23	23	20	17	15	9	6
红西1	3	7	15	18	23	24	24	19	17	15	8	5
红层	2	5	12	15	20	21	19	16	14	12	6	3
了墩	0	2	8	10	12	11	5	7	4	4	1	1
红台南	3	2	13	11	16	16	7	9	11	6	5	1
大步南	4	5	11	13	8	12	5	6	6	5	4	4
了墩南	4	\	\	\	16	5	3	4	12	4	1	0

6.2.3　年最大风速

图6.3(根据表6.4绘制)给出兰新铁路沿线实测的2 min平均最大风速,瞬时最大风速和计算出的10 min平均最大风速,从中可以看出,"百里风区"铁路沿线风速较大,瞬时最大风速

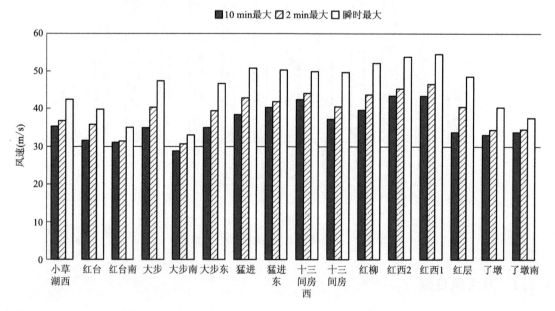

图6.3　兰新铁路沿线测风站年最大风速直方图

高达 54.6 m/s(红西 1,N),瞬时最大风以北风为主。2 min 平均最大风速最大达 46.6 m/s (红西 1,NNE),10 min 平均最大风速最大达 43.4 m/s(红西 1,N,红西 2、NNE)。13 个测风站和 5 个铁路二线观测站 2 min、10 min 平均最大风速,瞬时最大风速的风向基本都是北风或偏北风。

表 6.4　兰新铁路沿线(含兰新铁路二钱)大风监测站历年极值 （单位：m/s）

站名	10 min 最大	2 min 最大	瞬间最大
小草湖西	35.2	36.5	42.5
红台	31.5	35.8	39.8
红台南	31.0	31.3	35.1
大步	34.9	40.3	47.4
大步南	28.8	30.7	32.9
大步东	34.9	39.3	46.7
猛进	38.4	42.8	50.8
猛进东	40.5	42	50.2
十三间房西	42.4	44.2	50.1
十三间房	37.3	40.5	49.7
红柳	39.6	43.7	52.1
红西 2	43.4	45.5	53.7
红西 1	43.4	46.6	54.6
红层	33.7	40.5	48.7
了墩	33.3	34.5	40.5
了敦南	33.9	34.5	37.7

"百里风区"的大风主要由系统天气过程、南北高差加上狭管效应造成的。"百里风区"属东天山隆起与哈密凹陷过渡地带,地势北高南低。当北方有冷空气入侵时,气流翻越高度较低的七角井凹地,再向南进入地形相对狭窄的十三间房一带,就会产生非常强劲西偏北大风。

6.2.4　风向频率

盛行风又称最多风向,是指一个地区在某一时段内出现频数最多的风或风向。通常按日、月、季和年的时段用统计方法求出相应时段的盛行风向。"百里风区"的盛行偏北大风,2 min 平均最大风速达到 46.6 m/s(红西 1)。表 6.5、表 6.6 和附录 E 为铁路沿线各测站瞬时风向频率(风频玫瑰图)。

表 6.5　兰新铁路测风站瞬时风速大于 17 m/s 的风向频率(%)

	小草湖西	红台	大步	大步东	猛进	猛进东	十三间房西	十三间房	红柳	红西 2	红西 1	红层	了墩
N	14.3	9.6	17.6	17.4	24.2	30.0	26.9	19.5	23.5	17.9	11.4	13.5	5.5
NNE	18.1	33.8	35.2	28.7	25.5	17.4	14.4	11.1	13.5	20.9	31.3	18.4	19.0
NE	11.4	19.9	10.2	10.4	7.1	4.7	2.8	7.4	6.1	6.2	13.6	6.4	18.9
ENE	6.6	3.5	3.2	5.0	3.3	2.9	1.3	2.9	3.1	5.4	4.4	4.2	6.0

	小草湖西	红台	大步	大步东	猛进	猛进东	十三间房西	十三间房	红柳	红西2	红西1	红层	了墩
E	4.3	3.4	3.2	4.1	3.1	2.3	1.3	3.5	3.7	4.7	3.8	4.5	4.7
ESE	3.3	3.2	3.3	4.3	4.5	2.6	2.5	4.8	4.6	4.7	4.1	6.1	6.6
SE	5.0	3.0	3.2	4.1	4.9	4.3	4.1	4.8	3.3	6.0	6.7	7.2	7.0
SSE	7.1	2.6	2.9	2.8	4.8	6.3	5.5	4.1	2.7	4.9	5.5	5.7	6.0
S	6.9	2.8	3.2	3.1	3.3	5.8	3.5	3.2	3.1	4.2	3.0	3.0	4.2
SSW	4.6	3.0	3.1	2.8	2.3	3.6	2.4	2.2	4.8	3.0	2.8	2.4	3.4
SW	3.7	4.1	2.9	3.2	1.8	2.6	1.6	1.4	4.9	2.9	3.3	2.4	3.3
WSW	3.4	4.2	2.0	2.7	1.0	1.8	1.7	1.1	4.0	2.8	2.3	2.2	3.1
W	3.0	3.0	1.4	1.5	0.5	0.7	1.6	1.1	1.7	2.0	1.6	1.4	2.1
WNW	1.0	0.7	0.6	0.6	0.4	0.4	0.4	0.9	1.1	0.8	0.5	0.6	1.1
NW	2.3	1.2	1.8	1.7	3.3	2.5	7.4	16.0	6.3	3.0	2.3	7.0	4.7
NNW	5.1	1.9	6.0	7.5	9.9	12.0	22.6	16.0	13.7	6.7	3.4	13.0	4.6

表 6.6　兰新铁路二线观测站瞬时风速大于 17 m/s 的风向频率(%)

	红台南	大步南	了墩南	红层西南
N	18.6	5.3	4.7	6.6
NNE	35.8	2.5	3.6	11.9
NE	5.8	2.4	4.4	14.1
ENE	3.5	3.5	5.1	5.7
E	3.8	3.4	3.2	5.1
ESE	3.3	2.6	3.4	5.1
SE	2.8	2.1	3.7	5.2
SSE	2.2	2.0	2.5	5.0
S	2.6	1.9	2.4	5.0
SSW	2.4	1.8	2.0	4.5
SW	3.4	2.7	1.6	4.0
WSW	3.7	5.0	2.1	3.2
W	3.2	2.4	10.9	2.6
WNW	2.2	5.5	31.5	2.8
NW	2.4	22.3	11.2	6.9
NNW	4.1	34.6	7.7	12.3

6.3　50 年一遇最大风速计算

6.3.1　十三间房气象站 50 年一遇最大风速计算

6.3.1.1　气象站年最大风速序列插补计算

按照《建筑结构荷载规范》(GB50009-2001,2006 年版)的要求,计算基本风压需使用 50 年一遇的最大风速,50年一遇的最大风速需要长序列最大风速值(离地10 m高,自记10 min风速)进行计算(李新 等,2000)。

十三间房气象站风速传感器离地10 m高,自记10 min年最大风速序列较短。为了将资料统一到规范要求,使用十三间房气象站同年代(2005—2009年)2 min与10 min年最大风速建立回归方程,计算出十三间房气象站11年序列10 min年最大风速。计算公式如下:

$$y=0.981x+1.507 \qquad (6.1)$$

其中,x表示定时2 min最大风速,y表示10 min年最大风速,拟合结果如表6.7所示,表中1999—2004年资料为拟合资料,2005—2009年资料为实测资料。

表6.7 十三间房气象站定时2 min最大风速回归拟合所得10 min最大风速 （单位:m/s）

年份	定时2 min 最大风速	10 min 最大风速拟合值	年份	定时2 min 最大风速	10 min 最大风速拟合值
1999	33.0	33.9	2005	28.9	29.9
2000	30.0	30.9	2006	35.7	36.5
2001	30.0	30.9	2007	34.6	35.4
2002	29.0	30.0	2008	32.5	33.4
2003	30.0	30.9	2009	31.5	32.4
2004	30.0	30.9			

为了验证式(6.1)拟合结果的准确性,采用朱瑞兆(2008)的西北地区经验公式($y=0.85x+5.21$,其中x表示定时2 min最大风速,y表示10 min年最大风速)拟合了十三间房10 m高10 min年最大风速,两种拟合结果十分接近(图6.4)。由此可以证明式(6.1)拟合效果的可靠性。

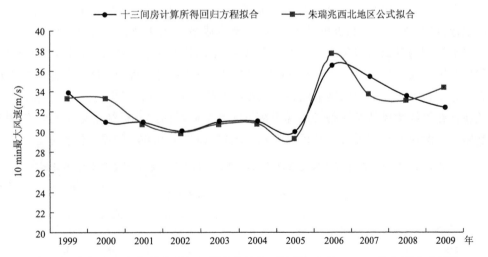

图6.4 公式(6.1)与朱瑞兆回归方程拟合的十三间房气象站10 min最大风速对照图

6.3.1.2 气象站50年一遇最大风速计算

按照《建筑结构荷载规范》(GB 50009—2001,2006年版)要求,十三间房气象站50年一遇最大风速用耿贝尔Ⅰ型极值分布(Gumbel分布)计算,其密度分布函数为:

$$F(x)=e^{-e^{-a(x-\mu)}} \qquad (-\infty<x<\infty) \qquad (6.2)$$

其保证率函数为：

$$f(x)=1-e^{-e^{-a(x-\mu)}} \tag{6.3}$$

当由有限样本的均值 $\overline{x}$ 和标准差作为 μ 和 σ 的近似估计时，

$$a=\frac{C_1}{S} \tag{6.4}$$

$$\mu=\overline{x}-\frac{C_2}{a} \tag{6.5}$$

$$x_R=\mu-\frac{1}{a}\ln\left[\ln\left(\frac{R}{R-1}\right)\right] \tag{6.6}$$

其中 a 是计算系数，x 是年最大风速，a 按极大似然法进行估计，R 为重现期，x_R 为对应的最大风速，C_1 为 0.9676，C_2 为 0.4996[《建筑结构荷载规范》(GB 50009-2001,2006 年版)]，十三间房气象站 50 年一遇最大 10 min 平均风速计算值为 39.77 m/s。

6.3.2　铁路沿线测风站 50 年一遇最大风速计算

为了计算铁路沿线 50 年一遇最大风速，需要 10 m 高度的标准风速。而为满足铁路运输指挥需要，铁路沿线测风站建设高度不一，因此，需要将各观测站不同高度的最大风速订正到 10 m 高度。贴地层风速随高度变化的规律，按照《应用气候手册》(朱瑞兆 等,1991)，用下列公式来换算：

$$V_2=V_1\left(\frac{Z_2}{Z_1}\right)^{\alpha} \tag{6.7}$$

式中，Z_1 为测风仪高度，Z_2 为 10 m 高度，V_1 为测风仪实测 10 min 最大风速，V_2 为 10 m 高 10 min 最大风速，α 为与地面粗糙度有关的系数，在沙漠地区大风条件下取 0.12。

铁路沿线最长大风观测资料序列起止时间为 2004—2010 年，资料长度不能满足《建筑结构荷载规范》(CB50009-2001,2006 年版)中 50 年一遇最大风速的计算要求。因此，本书分别用同年代十三间房气象站与兰新铁路沿线测风站(年代长度见表 6.1"铁路沿线测风站资料起止年代情况统计表")10 m 高 10 min 日最大风速建立回归方程，将十三间房气象站的 50 年一遇估算值分别代入表 6.8 中铁路沿线各测风点线性拟合回归方程得出。

兰新铁路沿线测风站及铁路二线观测站与气象站资料回归分析结果见表 6.8，结果显示，兰新铁路沿线测风站与附近气象站风资料相关较好，通过了 0.001 的显著性检验。

表 6.8　兰新铁路沿线测风站及铁路二线观测站与十三间房气象站回归结果分析

站点	相关系数	判定系数	标准误差	回归系数		信度检验
				a	b	
小草湖西	0.79	0.62	3.96	0.73	1.13	0.001
大步	0.93	0.87	2.89	1.08	−1.91	0.001
大步东	0.94	0.88	2.52	1.00	−1.59	0.001
红台	0.87	0.76	2.86	0.73	0.92	0.001
猛进	0.92	0.84	3.25	1.10	−1.32	0.001
猛进东	0.93	0.87	3.04	1.11	−0.75	0.001
十三间房西	0.91	0.83	3.17	0.99	−0.22	

续表

站点	相关系数	判定系数	标准误差	回归系数		信度检验
				a	b	
十三间房铁路站	0.94	0.88	2.71	1.06	−2.00	0.001
红柳	0.90	0.81	3.53	1.04	−1.34	0.001
红西 2	0.90	0.80	3.38	0.99	−1.61	0.001
红西 1	0.88	0.77	3.97	1.04	−1.71	0.001
红层	0.86	0.75	3.38	0.84	−0.86	0.001
了墩	0.70	0.48	3.56	0.49	1.67	0.001
红台南	0.90	0.81	2.88	0.83	0.46	0.001
大步南	0.84	0.71	3.36	0.74	−0.18	0.001
了墩南	0.87	0.75	4.05	0.98	−1.04	0.001

铁路沿线各测站 50 年一遇最大风速计算结果见图 6.5 和表 6.9。

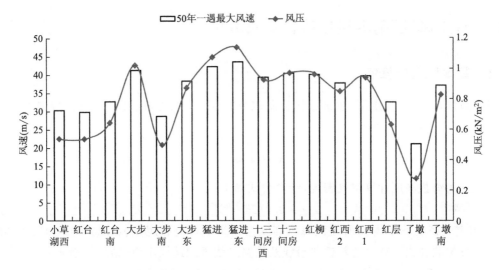

图 6.5　兰新铁路沿线各站 50 年一遇最大风速(m/s)及基本风压(kN/m²)

表 6.9　铁路沿线各站 50 年一遇最大风速(m/s)及基本风压(kN/m²)

站名	兰新铁路沿线气象观测站		站名	兰新铁路第二双线	
	50 年一遇最大风速	基本风压		50 年一遇最大风速	基本风压
小草湖西	30.18	0.54			
红台	30.00	0.54	红台南	32.70	0.640
大步	41.19	1.02	大步南	28.73	0.496
大步东	38.05	0.87			
猛进	42.29	1.07			
猛进东	43.58	1.14			

站名	兰新铁路沿线气象观测站		站名	兰新铁路第二双线	
	50年一遇最大风速	基本风压		50年一遇最大风速	基本风压
十三间房西	39.33	0.93			
十三间房铁路站	40.22	0.97			
红柳	40.14	0.97			
红西2	37.64	0.85			
红西1	39.67	0.94			
红层	32.56	0.63	红层西南	26.65	0.428
了墩	21.10	0.27	了墩南	37.12	0.828

注:由于了墩大风站多次迁站,铁路数据保存不完整,可信度低,建议参照了墩南数据。

6.4 "百里风区"基本风压值计算及分区

6.4.1 基本风压计算值

基本风压计算方法:使用《建筑结构荷载规范》(GB50009-2001,2006年版)规定的贝努利公式进行风压计算,公式如下:

$$P = \frac{1}{2}\rho V^2 \tag{6.8}$$

这里选用海拔高度计算空气密度,计算公式如下:

$$\rho = 0.0125 e^{-0.0001z} \tag{6.9}$$

式中,ρ 为空气密度,z 为测站所在地海拔高度[《建筑结构荷载规范》(GB50009-2001,2006年版)]。用贝努利公式计算出兰新铁路沿线及铁路二线观测站风压值,结果见表6.9。

6.4.2 "百里风区"基本风压特征及分区

从十三间房气象站和铁路沿线各测风站基本计算数据(表6.9)可以看出,"百里风区"的基本风压值分布以大步到红层西1一带为高值区,向南、向东和西逐渐递减。根据"百里风区"基本风压的分布特征,结合本地区地理、气候特点,参考铁路沿线各大风观测站基本风压值,将"百里风区"划分为3个风压区,即Ⅰ区、Ⅱ区、Ⅲ区。如图6.6、表6.10所示。

Ⅰ区:西起大步,包括大步东、猛进、猛进东、十三间房西、十三间房铁路站、红柳、红层西2,东到红层西1一线。1区是"百里风区"的中心区域,即是风压高值中心。这里地处东天山七角井垭口地带,是"百里风区"狭管效应最强的地方。大风日数多,风速大,本区基本风压取值为1.14 kN/m²,对应的50年一遇最大风速估算值为43.58 m/s。

Ⅱ区:东起大步,经红台,西到小草湖西一线,这里地处东天山七角井垭口以西地带,本区基本风压取值为1.02 kN/m²,对应的50年一遇最大风速估算值为41.19 m/s。

Ⅲ区:西起红层西1,经红层,东到了墩一带,这里地处东天山七角井垭口以东地带。本区

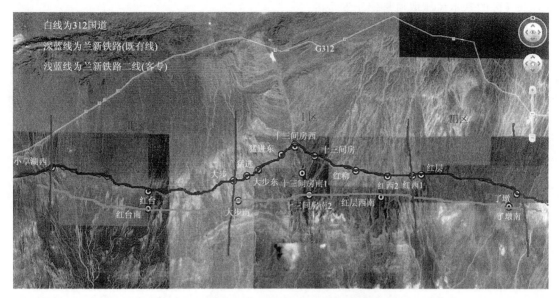

图 6.6　"百里风区"风压分区示意图(彩图见书后)

表 6.10　基本风压分区表

风区编号	风区范围	临近测风站	50 年一遇最大风速(m/s)	基本风压(kN/m²)
Ⅰ区	大步—红层	大步、大步东、猛进、猛进东、十三间房西、十三间房铁路站、红柳、红层西 2、红层西 1	43.58	1.14
Ⅱ区	大步—小草湖西	大步、红台、小草湖西	41.19	1.02
Ⅲ区	红西 1—了墩	红西 1、红层、了墩	39.67	0.94

中了墩南铁路二线观测站位于了墩火车站东南,受七角井南下西北大风风线的影响较大,而兰新铁路了墩测风站靠近东天山,偏离风线,因而了墩南大风比了墩站大。考虑这一因素,本区基本风压取值为 0.94 kN/m²,对应的 50 年一遇最大风速估算值为 39.67 m/s。

6.5　结论及建议

6.5.1　"百里风区"基本风压取值

由于"百里风区"内沟壑众多,地形复杂,对风速影响很大,同时铁路沿线大部分大风观测站建站时间较短,实测数据不够完整,因此基于管道站场工程设计施工风压取值的实用性、安全性考虑,将"百里风区"基本风压统一按Ⅰ区取值,即:"百里风区"基本风压取 1.14 kN/m²,对应的 50 年一遇最大风速为 43.58 m/s。根据现有气象观测站的密度分布,按该基本风压取值的地区范围为:兰新铁路沿线以北地区,兰新铁路沿线以南大约 20 km 范围内的地区。

根据兰新铁路(铁路部门称既有线)和兰新铁路二线(客运专线)沿线 50 年一遇最大风速估算值分析,"百里风区"沿兰新铁路线向南,风压呈逐步递减的趋势。因此,"百里风区"基本风压按Ⅰ区的基本风压取值是偏于安全的。

6.5.2 建议设计取值时考虑风沙和地形的影响

1.受下垫面的影响,"百里风区"的大风经常卷起沙砾,"飞沙走石"对建筑物造成的破坏性更强。在建设选址时应注意上风(来风)方向的地表稳定情况,并避免建筑物正对风口(沟口)。

2.由于"百里风区"的大风风向偏北,建议建筑物尽量避免朝北设置门窗。如有朝北门窗,建议加强防护措施。

参考文献

李江风,1991.新疆气候[M].北京:气象出版社.

李新,程国栋,卢玲,等,2000.空间内插方法比较[J].地球科学进展,**15**(3):260-265.

马开玉,丁裕国,屠其璞,等,1993.气候统计原理与方法[M].北京:气象出版社.

屠其璞,王俊德,丁裕国,等,1984.气象应用概率统计学[M].北京:气象出版社.

新疆通志铁道志编纂委员会,1999.《新疆通志》第49卷"铁道志"[M].乌鲁木齐:新疆人民出版社.

新疆维吾尔自治区气象局,1985.地面气候整编资料[G].

张学文,张家宝,2006.新疆气象手册[M].北京:气象出版社.

中国气象局,2003.地面气象观测规范[M].北京:气象出版社.

中央气象局,1979.地面气象观测规范[M].北京:气象出版社.

朱瑞兆,2008.风能、太阳能资源研究论文集[M].北京:气象出版社.

朱瑞兆,孙立勇,杨捷,等,1991.应用气候手册[M].北京:气象出版社.

附录 A   预报程序设计步骤

1.读取 MM5 模式相对应时间段风预报文件,获取代表站阿拉山口、铁泉、十三间房未来 12 h 风速预报值。

2.预报方程计算,公式如下:

站名	预报方程
阿拉山口	$y=0.0032x^2+0.7866x+2.6671$
铁泉	$y=-0.0142x^2+1.3119x+2.3827$
十三间房	$y=0.0066x^2+1.3133x+3.8035$

其中 x 为 MM5 预报结果,y 为方程预报结果。

3.误差订正,公式如下:

站名	预报方程
阿拉山口	$y=0.6754x-3.9316$
铁泉	$y=0.4187x-5.2812$
十三间房	$y=0.47x-6.4065$

其中 x 为预报方程结果,y 为最终预报结论(注:如计算出的 y 值为负,处理为 0)。

4.将预报结论用曲线方式迭加到实况曲线上,通过网络传输到铁路局数据库中。

5.随时将实况值替代预报值。

6.每三小时作一次误差订正:订正方程暂定为 $Y=X$,为以后留有接口。

7.将对应时段的上述三站点逐小时的预报和实况值存入新建数据库中,以便将来系统检验和优化使用。

8.查询功能:能按给定时间范围查询显示:实况(红色)、MM5 预报(绿色)、方程计算结果(褐色)、误差订正结果(蓝色)4 条曲线在同一界面上显示,默认显示为最近 30 d 瞬间值。(分风速和风向两个要素,风速和风向可分两个界面)

9.数据存档内容为:

1)日期:格式为年月日时

2)实况瞬间风速:1 位小数

3)实况瞬间风向:0～360°或 16 个方位

4)实况 2 min 风速:1 位小数

5)实况 2 min 风向:0～360°或 16 个方位

6)MM5 瞬间风速预报值:1 位小数,和实况同时次

7)MM5 瞬间风向预报值:0～360°或 16 个方位,和实况同时次

8)方程计算瞬间风速预报值:1 位小数,和实况同时次

9)方程计算瞬间风向预报值:0～360°或 16 个方位,和实况同时次(暂时用 MM5 瞬间风向预报代替)

10)误差订正结果瞬间风速预报值:1 位小数,和实况同时次

11)误差订正瞬间风向预报值:0～360°或 16 个方位,和实况同时次(暂时用 MM5 瞬间风向预报代替)

12)每三小时订正后瞬间风速预报值:1 位小数,和实况同时次

13)每三小时订正后瞬间风向预报值:0～360°或 16 个方位,和实况同时次(暂时用 MM5 瞬间风向预报代替)

(要求:三个站上述资料都入库,在同一个表中或分三表由程序设计而定,数据存档要及时,保证数据完整)

10.最终预报结论每三小时一次将数据传输到铁路系统

附录 B　MM5 数值预报模式介绍

　　MM5 模式是由美国宾州大学(PSU)和美国国家大气科学研究中心(NCAR)开发的非静力平衡中尺度模式 MM5(v3)。模式使用了两重嵌套网格,水平范围以 83°E,44°N 为中心。粗网格格距为 27 km,格点数为 151×151;细网格格距为 9 km,格点数为 241×241;垂直方向分为 23 层(σ 坐标):1.00、0.99、0.96、0.93、0.90、0.87、0.84、0.80、0.76、0.72、0.64、0.60、0.55、0.50、0.45、0.40、0.35、0.30、0.24、0.18、0.12、0.06、0.00,顶层及底层分别为 70 hPa 和 1000 hPa。动力过程采用了非静力平衡方案;主要物理过程为:简单冰相湿物理过程、积云对流参数方案、行星边界层方案。初边值采用"9210"下发的 T213 数据。

　　积分范围示意图如附图 B.1 所示。

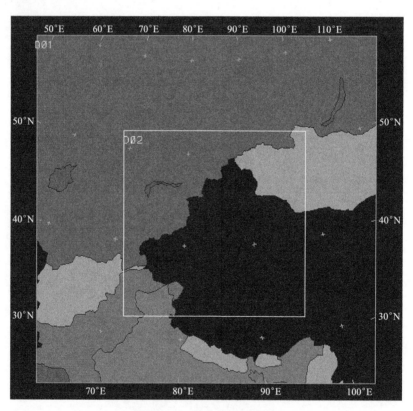

附图 B.1　积分范围示意图

1. MM5 模式系统的介绍

　　第五代 NCAR/Penn State 中尺度模式是此模式系列中的最新版本。它的前身是 20 世纪 70 年代 Penn State 的 Anthes 使用的一种中尺度模式,后来(1978 年)Anthes 和 Warner 为此模式编写了文档。从那时候起,为了拓宽模式的使用范围,对其进行了许多改变。包括(Ⅰ)多重嵌套的能力(Ⅱ)非静力动力模式,以及(Ⅲ)四维同化的能力和更多的物理选项,并能在更多的计算平台上运行。这些变化已经对如何使用模式系统来建立任务产生了影响,因此本书介绍的目的就是为了使用户能够熟悉 MM5 系统中所使用的概念。

附图 B.2 是一幅完整的 MM5 系统流程图。其目的是显示程序的流程次序,数据的流动并简要地描述它们的主要功能。地形和气压层上的气象数据从经纬度格点水平插值(程序TERRAIN 和 REGRID)到一个可变的高分辨率区域上。所采用的投影方式可以是:麦卡脱投影、兰勃脱投影或极射投影。因为插值过程并不能够提供中尺度信息,所以插值数据的质量必须被提高(通过程序 RAWINS/little_r)。这些程序的数据来源是标准的地面和高空的测站数据,并在程序中使用了具有连续(循环)扫描功能的 Cressman 和 multiquadric 两种客观分析方法。程序 INTERP 把气压层上的数据转换为 MM5 程序所需要的 sigma 层上的数据。近地面的 sigma 层是紧随地形的,而高层的 sigma 层与气压层相近。因为垂直水平精度和区域大小是可变的,所以模式程序包使用了数组维数参数化方案(即数组维数由用户指定),它要求由用户来确定内存的数量。也可以使用一些周边的存储设备。

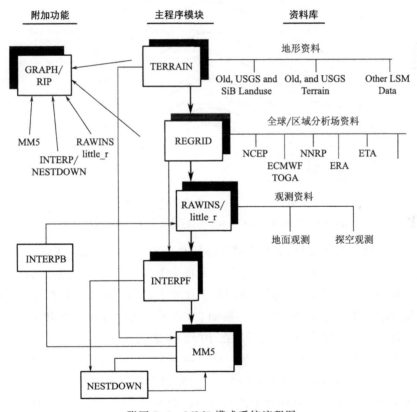

附图 B.2　MM5 模式系统流程图

2. MM5 模式的水平和垂直格点

一开始就介绍模式的格点设置是很有用的。模式系统通常获得和分析气压层上的数据。但是在把数据输入模式之前,必须把它们插值到模式的垂直坐标上去。垂直坐标是沿地形的(附图 B.3),这意味着较低的格点层是沿地形的,而高层则是平的。中间的模式层则随着气压随高度的减小趋于平缓。标量 σ 被用于模式层的定义。这里

$$\sigma = (p - p_t)/(p_s - p_t) \qquad \text{(附 B. 1)}$$

式中，p 是气压，p_t 是一指定的顶层气压（常数），p_s 是地面气压。

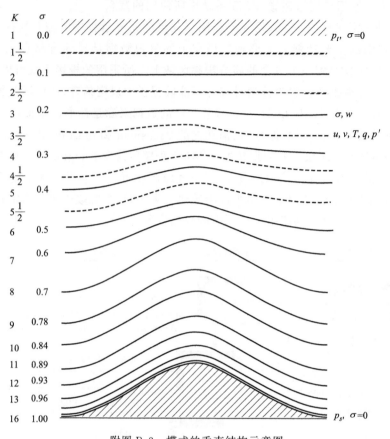

附图 B. 3　模式的垂直结构示意图

（此例中有 15 层，虚线表示半 sigma 层，实线表示完整的 sigma 层）

正如接下去所要讨论的那样，非静力模式坐标是使用一个参考态气压来定义的，而不是使用静力模式中的实际气压。从（附 B. 1）式和附图 B. 3 中可以看到：σ 在顶层为 0 在底层为 1，并且每个模式层都被定义了某个 σ 值。使用位于 0 和 1 之间的值的列表来定义模式的垂直分辨率。这些值没有必要一定是均匀的。一般而言，边界层内的分辨率要高于其上的分辨率。尽管原则上对层次数没有限定，但是最好取在 10 到 40 之间。

在水平格点上既有风速矢量又有标量。这可以从附图 B. 4 中看到。标量（T,q 等）定义在四方形格点的中间，而向东（u）和向北（v）的风分量位于四方形格点的角上。四方形格点区域的中间使用交叉点（C）来表示，而角上用圆点（D）来表示。因而水平风速被定义在圆点上。比如当数据被送入模式时，预处理器将作必要的插值以确保与格点的一致性。

以上所有的变量（u,v,T,q,p'）都被定义在了模式垂直层的中间，即半 sigma 层上（附图 B. 4 中的虚线）。垂直风速存在于完整的 sigma 层上（实线）。在定义 sigma 层时，所列出的是完整的层次，包括 0 和 1 上的层次。因此模式层的数量总是要比完整的 sigma 层数少 1。

3. 嵌套

MM5 具有最多同时运行 9 个相互作用区域的多重嵌套能力。附图 B. 5 显示了一个可能

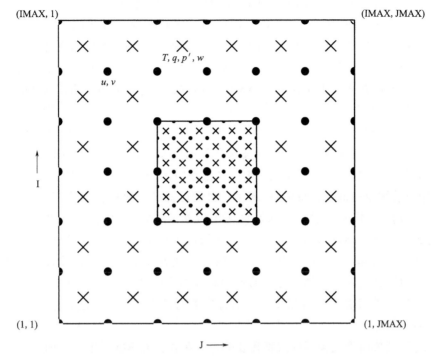

图附 B.4　水平圆点(●)和交叉点(×)示意图

［较小的内方框表示细网格,它的格距与粗网格(外方框)格距之比是 1∶3］

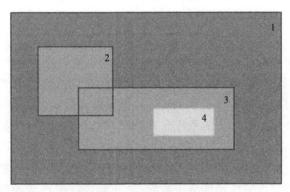

图附 B.5　一个嵌套设置的例子

(背景色显示了三种不同层次的嵌套)

的设置。对于双向嵌套,其比率通常是 3∶1。"双向作用(嵌套)"表示粗网格可以作用于细网格的边界上,同时细网格对粗网格的反馈作用发生在细网格内部。

　　允许在一个给定的嵌套层次上有多个嵌套(比如附图 B.5 中的区域 2 和 3)。也允许它们重叠。区域 4 在第 3 层上,这就意味着它的格点大小和时间步长是区域 1 的 1/9。每一个子区域有一个"母区域",子区域完全嵌套其中。这样的话,对于区域 2 和 3,它们的母区域是 1。对于 4,则是 3。嵌套可以在模拟的任何时候开启或关闭。需要注意的是,无论一个母区域何时终结,她的所有子区域必须都被关闭。在模拟时也可以移动一个区域,只要它不是一个活动区域的母区域同时也不是最粗的网格。

有三种作双向嵌套的方法(基于 IOVERW 的开关项)。它们是:

(1)嵌套插值(IOVERW＝0)。使用粗网格场对嵌套区域进行插值。地形高度和类型仅保留粗网格的精度。要移动嵌套必须使用该选项。它不需要额外的输入文件。

(2)嵌套分析输入(IOVERW＝1)。除了粗网格外,这个选项需要为嵌套网格准备一个模式输入文件。它允许在嵌套中包含高分辨率的地形数据和初始分析。通常这样的网格必须和粗网格同时开始运行。

(3)嵌套的地形输入(IOVERW＝2)。这个新选项仅要求一个地形高度/类型的输入文件,同时气象要素场从粗网格插值获得并且依据新地形作了垂直调整。这样的一个嵌套网格可以在模拟的任何时刻启动,但是模式需要一个过渡时间来调整到新的地形上。

MM5 中也使用单向嵌套。此时,模式第一次运行就可以使用任意比率的插值(不一定是3∶1)产生一个输出。同时一旦单向嵌套区域的位置被指定了以后,一个边界文件也会被创建。通常边界文件是每小时间隔的(根据粗网格的输出频率),而且这些数据是经过时间插值来支持此嵌套的。因此,单向嵌套不同于双向嵌套的地方在于它不存在反馈和边界处较粗的时间精度。单向嵌套也可以使用高分辨的数据和地形来做初始化。很重要的一点是,在边界区域内地形必须与粗网格一致,TERRAIN 程序需要对两个区域一次性运行,以确保这一点。

4.侧边界条件

运行任何区域数值天气预报模式都需要侧边界条件。在 MM5 中所有的四个边界指定了水平风场,温度场,气压场和湿度场。如果可行的化,也能指定微物理场(比如云)。因此,在运行一个模拟前,除了为这些变量场设定初始值外,边界值也必须准备好。

边界值或来自于未来时次的分析数据,或是一个先前的粗网格模拟(单向嵌套),或来自于另一个模式的预报(实时预报)。对于实时的预报,侧边界最终依赖于全球的模式预报。在历史个例的,提供边界条件的分析数据可以通过测站分析(RAWINS 和 little_r)来提高。其方法和初始场类似。如果使用的是高空分析资料,则侧边界的值可能只有 12 h 的有效间隔。而如果用的是模式输出的侧边界资料,则它可以有一个更高的间隔频率,比如 6 h 或甚至是 1 h。

模式通过把这些时间离散的分析数据线性插值到模式时次上来使用它们。这些分析数据完全指定了模式格点外面的行列上的特征。边界处由外向内的四行四列上,模式根据分析进行逼近同化,这里也存在着一个平滑过程。同化的强度随着远离边界而线性减小。为了使此种同化得以应用,模式使用了一个边界文件。但它主要使用了每个边界时次离边界最近的五个点的信息。一般不需要内部区域的分析数据,除非要进行格点的四维同化。这样的话通过使边界文件仅包含每个变量场的边缘数据可以节省磁盘空间。

双向嵌套的边界与前面的类似,只是每隔一个粗网格步长就要更新一次,而且没有松弛区域。指定的区域是两个格点宽而不是一个。

5.非静力模式与静力模式

历史上 Penn State/NCAR 的中尺度模式曾使用静力模式,这是因为中尺度模式中典型的水平格点大小可所关心特征的垂直厚度相当或比它更大。因此可以使用静力假定而且气压完全可以由其上的空气柱决定。然而,当模式中可分辨特征的尺度接近于 1 的纵横比时,或者当水平尺度变得比垂直尺度更短时,非静力效应就不能被忽略。

在非静力动力中需要添加的唯一的一项是垂直加速度。它将对垂直的气压梯度有影响从而使得静力平衡不再被准确地满足。相对于参考态的气压扰动(后面叙述)和垂直动量一起成了必须加以初始化的额外的三维预报变量。

6.非静力模式中的参考态

在静力平衡中参考态是一个理想化的温度特征廓线。它由如下的等式来指定

$$T_0 = T_{s_0} + A\ln(p_0/p_{00}) \tag{附 B.2}$$

$T_0(P_0)$ 由 3 个常数来指定:P_{00} 是取值为 10^5 的海平面气压,T_{s_0} 是 P_{00} 上的参考温度,A 是一个递减率的度量标准,通常取为 50 K,表示 P_{00} 和 $P_{00}/e = 36788$ Pa 之间的温度差。这些常数在 INTERP 程序中被选择。通常依据区域中的一次典型的探空观测就可以选定 T_{s_0}。参考廓线在 T-$\ln P$ 热力图上是一根直线。其拟合的准确性不是很重要,通常 T_{s_0} 被取为最接近的 10 K(如在极地、中纬度冬季、中纬度夏季和热带分别取为 270,280,290,300)。然而如果拟合得好的话,可以减小与地形之上的倾斜坐标面相关的气压梯度力的错误。因此 T_{s_0} 应该通过与对流层下部的廓线相比较来选择。

因而,地面的参考气压完全依赖于地形。这可以通过使用静力关系来导出:

$$Z = -\frac{RA}{2g}\left(\ln\frac{p_0}{p_{00}}\right)^2 - \frac{RT_{s_0}}{g}\left(\ln\frac{p_0}{p_{00}}\right) \tag{附 B.3}$$

在这个二次方程中,只要给定地形高度 Z,就可以得到地面气压 P_0。一旦这个完成以后,模式 σ 层的高度就可以从下式中得到

$$p_0 = p_{s_0}\sigma + p_{top} \tag{附 B.4}$$

这里

$$p_{s_0} = p_0(surface) - p_{top} \tag{附 B.5}$$

然后以(附 B.3)式由 P_0 求 Z。可以发现因为参考态不随时间变化,所以给定格点上的高度是常数。

自 3.1 版开始,为了能更好地近似描述平流层,参考态在顶层包含了一个等温层。它由一个单独的附加温度(Tiso)来定义,此温度作为基态温度的更低界线。使用它可以有效地提高模式顶的高度。

7.四维数据同化(FDDA)

在扩展时间段内的数据被输入模式的情况下,可以选择四维数据同化(FDDA)。事实上,FDDA 允许使用外部驱动项来运行模式。此项的作用是使模式的中间结果能够不断地逼近实际的观测或分析。这样做的好处是,经过一段时间的逼近后,模式在一定程度上和此时间段内的数据项相适应,同时仍然保持了动力平衡。这样处理要优于仅在某个时次使用分析数据做初始化处理。因为在某段时间内加入数据能够有效地增加数据的密度,同时测站数据的影响可由模式带往下游,帮助填补其后时间的资料空缺。

对 FDDA 的两个主要运用是动态初始化和四维同化数据集。动态初始化主要用在预报之前的时段内,其目的是为实时预报优化初始条件。与由初始时刻的分析提供的静态初始化相比较可以发现,所加入的数据对于预报很有用处。第二种应用即产生四维同化数据集,是一种产生动力平衡分析的方法。它的应用十分广泛,从收支计算到轨迹研究。当在扩展时段内进行数据的同化逼近时,模式保持了流动的真实连续性以及地转风和热成风的平衡。

根据数据是格点数据还是单独的测站数据,数据同化可分为两种方法。格点数据可以被用于在一个给定的时间常数内逐点进行模式同化。此方法常被用于大尺度,这是因为分析数据能准确地描述测站间的大气状况。对于较小尺度的,非定时的或是其上不能进行完整分析

的特殊平台(如飞机、风廓线仪等),就可采用测站数据来对模式进行同化逼近。对于每个测站必须给定一个时间窗和一个影响模式格点的半径。测站在某个格点上的权重取决于此格点与测站的时空分布。当然,在一个给定的时次上可能有多个测站共同影响某个格点。

8.陆地类型

模式对陆地类型有三种设置的选项。这些陆地类型和地形高度在 TERRAIN 程序中被赋值。这三种设置分别是 13,16,24 类(植被的类型、沙漠、城市、水、冰等)。每个格点元被模式赋予了其中的一种类型,而这会决定地面的属性比如反照率、粗糙度、长波发射率、热容量和水汽有效率。除此以外,如果有可用的雪盖数据集,则地表的属性也会做出相应的修改。表中的值随冬夏两季是可变的(对于北半球)。要注意的是其值具有气候特征,所以它对某个特定的个例可能不是最优的,尤其是水汽有效率。

一个更简单的陆地类型选项只区分陆地和水体,同时它让用户来控制用于陆地类型的地面属性值。

9.地图投影和地图比例因子

模式系统可以选择几种地图投影。兰勃脱投影适用于中纬度地区,极射投影用于高纬度,麦卡脱投影用于低纬度。除了麦卡脱投影外,在模式中 x 和 y 坐标方向并不对应于东—西向和南—北向。因此实际的观测风必须被旋转到模式格点上,而模式的 u,v 分量必须在与实测风比较之前加入旋转。这些转换在模式的前处理器和后处理器中被解决了。

地图比例因子 m 被定义为

$$m = (格点上的距离)/(地球表面的实际距离)$$

它的值接近于 1 且通常是随纬度而变化的。模式中的投影能保持小区域的形状,因而在任何地方 $dx = dy$。但是格点长度在穿越区域时会发生变化,这样可以显示行星的半球面。当需要用到水平梯度时,地图比例因子必须在模式方程中加以考虑。

10.运行模式系统所需要的数据

因为 MM5 模式系统主要被设计用于实际数据的研究/模拟,所以需要以下的数据来运行它:

• 地形高度和陆地类型
• 至少含有这些变量的大气格点数据:海平面气压、风、温度、相对湿度和位势高度;以及这些气压层:地面,1000,850,700,500,400,300,250,200,150,100 hPa
• 含有探空和地面报告的测站数据

中尺度用户提供一个全球范围的不同精度的基本数据集。此集包括地形高度,陆地类型和植被覆盖。NCAR 科学计算部门的数据支持分部提供了大量的大气数据文档,它包括了格点分析数据和测站数据。

附录 C 大风招致列车脱线颠覆事故统计

根据《新疆通志》第 49 卷"铁道志"记载,1960 年至 2002 年历年大风招致列车脱线颠覆事故统计如下:

1.1960 年 4 月 9—10 日,兰新线疏勒河—哈密沿线刮 12 级左右的大风,线路上有 21 处积沙。尾亚、烟墩、骆驼圈(红桥)等地的最高积沙处超过轨面 0.7 m。4 月 9 日,78 次旅客列车运行到烟墩—红桥间的 1274 km 780 m 处机车导轮被积沙垫脱线,中断行车 5 h 05 min。

4 月 10 日,193 次旅客列车运行至红桥—盐泉间 1250 km 处,机车导轮被积沙垫脱线,中断行车 1 h 31 min。

2.1961 年 4 月 20 日,吐鲁番站将一车化肥卸在兰新线 1723 km 003 m 处,苫盖化肥的篷布被大风刮到 1724 km 003 m 线路上,2563 次货物列车通过此处时,造成机后第 8~10 位车脱线,中断正线行车 4 h 03 min。

3.1961 年 5 月 31 日—6 月 1 日,兰新线了墩—盐湖间遭到 10~12 级狂风袭击,91 次旅客列车运行至三个泉—天山间 1745.9 km 处,机车导轮被积沙垫脱线。客车车体迎风面绿色油漆全被风沙打掉,露出了铁锈色底漆。门窗玻璃完整的甚少,幸存的也成了磨砂玻璃。

4.1961 年 6 月 5 日,020 次油龙列车运行至天山—三个泉间 1749 km 处,守车前空棚车一辆被大风吹翻。

5.1961 年 10 月 3 日,1202 次货物列车运行至天山—三个泉间(1748 km 785 m—1749 km 008 m)300 m 半径曲线上,守车前一辆 50 t 空棚车被大风刮到 12 m 高的路堤下。

6.1961 年 10 月 8 日,兰新铁路沿线大风,"三十里风口"风力 10 级以上,1202 次货物列车送行至天山—三个泉间 748 km 800~900 m 的 300 m 半径曲线上,大风将守车前一位空棚车刮到路基下,中断行车 3 h 43 min。

7.1962 年 4 月 25 日,050 次油龙列车运行至天山—三个泉间 1749 km 处,守车连同运转车长张喜荣被大风吹翻在路基南侧。

8.1962 年 4 月 3 日,"三十里风口"风力达 10 级以上,停放在天山站的 42 辆备用棚车被大风刮溜 37 辆,其中 3 辆脱线。

9.1963 年 4 月 15 日,哈密—达坂城间刮 10 级以上大风,线路多处积沙超过轨面 0.4 m。2422 次货物列车运行至了墩—沙尔间 1423 km 750 m 处,被积沙垫脱线,中断行车 9 h 15 min。

1204 次货物列车运行到天山—三个泉间 1748 km 800 m 处,守车连同运转车长被大风刮到路基下面。

10.1966 年 4 月 3 日,兰新铁路沿线大风雪,风力达 9 级,线路多处积沙积雪。194 次旅客列车通行至土墩—山口间 1224 km 500 m 处,机车导轮被积沙垫脱线,中断行车 18 h 40 min。

11.1970 年 3 月 18 日,"百里风区"10 级大风,线路多处被积沙埋没。2402 次货物列车运行至红柳—红层间 1445 km 250 m 处,被积沙垫脱线。

12.1971年1月9日，"三十里风口"刮10级以上大风。1504次货物列车运行至天山—三个泉间1749 km 900 m处，机后第1～10位空棚车被刮到路基南侧下面，第16位重棚车脱线。

13.1971午4月6日，"百里风区"大风，线路多处积砂超过轨面。2422次货物列车运行至红柳—红层间1454 km处，机车导轮被积沙垫脱线。

14.1972年3月21日，兰新铁路沿线大风。2422次货物列车运行至红柳—红层间1457 km 900 m处，大风将守车和守车前一位空棚车刮翻至路基下面，中断行车4 h 30 min。

15.1975年5月14日，哈密以西大风，线路多处积沙超过轨面，2422次货物列车运行至红柳—红层间1454 km 500～600 m处，机后第2～5位空棚车甩出线路，第6位车横在线路上，第7位车倾斜在线路一侧。中断正线行车11 h。

16.1978年4月17日，在三个泉站挡风墙西约500 m处，木制棚车一列13辆被狂风吹翻滚下路基，车轮朝天。

17.1979年4月10日，新疆境内出现30年来少见的暴风雪，气温骤降。吐鲁番地区及南疆线风力12级。1512次货车运行至天山—三个泉间1749 km 300～500 m处，机后第6～21位空棚车和空敞车被大风刮翻，其中5辆脱线，11辆滚到路基下面。

1402次货物列车运行至十三间房—红柳间，机车导轮被线路上的积沙垫脱线，机车和机后第1～3位车颠覆，第4～6位车脱线。

18.1979年5月19日，"百里风区"大风。2421次货物列车运行至红层—红柳间1448 km 551 m桥上，机后第2～3位空棚车被刮翻至桥下。

19.1979年6月13日，005次列车运行至翠岭站，机后第6辆篷布被风刮落，将机后第10辆垫脱线，第11～18辆颠覆，中断行车10 h 31 min。

20.1982年4月4—5日，西伯利亚寒流入侵新疆，兰新线哈密以西和南疆线遭到狂风袭击。1401次货物列车运行到兰断线红柳—十三间房1469km 100 m处，机后7～17位11辆车被积沙垫脱线，其中7～12位空棚车被刮到路基下面，5辆空平板车脱轨，横卧在线路上，阻挡19列客车、28列货车停留途中，中断行车20 h 19 min。

21.1982年11月10—12日，兰新线和南疆线铁路遭到暴风雪的袭击，沿线有8级以上大风，风口风力达12级。3132次货物列车运行到南疆线红山渠时，大风将一辆空棚车刮翻。

22.1984年4月13日，南疆线"前百公里风区"刮10级以上大风，2081次货物列车行至南疆线铁泉—珍珠泉间36 km处，狂风将机后1～3辆空车刮翻到10 m高的路基下边，第4辆脱轨，行车中断。

23.1985年4月18日，3132次货物列车运行至南疆线龙盘—铁泉间28 km 800 m处，机后9～12位四辆空棚车被大风刮至路基左侧，中断行车4 h 08 min。

24.1994年4月6日天山站3道停留车(50辆空 K13)，被大风刮溜逸，挤坏5号道岔溜入区间，与兰州—乌鲁木齐的507次客车冲突。中断行车9 h 56 min，直接经济损失115.1万元。

25.1997年2月28日1440次货物列车运行至大步—十三间房间K1476+100 m处，大风将车上的6.096 m空集装箱刮落1个，在K1448+600 m处刮落27个，并侵入下行线。

26.1998年7月1日2634次货物列车运行至新线线十三间房—红层间K1461+609 m处，机后1～10位空棚车车厢体被大风刮翻，翻入下行线，中断行车10 h 37 min。

27.2001年3月11日，阿拉山口站4道17辆停留车被大风刮溜，溜逸车辆将35号道岔挤坏,溜到 25 号道岔处停下,走行 361 m。

28.2001 年 4 月 7 日,30181 次货物列车运行至南疆线铁泉—珍珠泉间 K36+515 m 处时,被大风刮下线路脱轨并颠覆 11 辆、脱轨 6 辆、车辆上部厢体被刮下线路 7 辆,造成车辆报废 9 辆、大破 12 辆,直接经济损失 634.2 万元,中断行车 47 h 55 min。

29.2001 年 4 月 28 日,大风将在南疆线在珍珠泉站 3 道保留避风的 28001 次货物列车 1～4 位(空棚车)、第 32～34 位(空棚车)刮下线路。

30.2002 年 3 月 19 日,41022 次货物列车运行至十三间房—红层间上行线 K1463+370 m—K1463+230 m 处,因大风造成机后 28～35 位车辆颠覆、脱轨,中断行车 19 h 28 min,造成货车报废 2 辆、大破 3 辆、中破 3 辆,直接经济损失 136.51 万元。

附录 D 风级风速换算表

风级风速换算表

风级	风速(m/s)	风级	风速(m/s)	风级	风速(m/s)
0	0~0.2	6	10.8~13.8	12	32.7~36.9
1	0.3~1.5	7	13.9~17.1	13	37.0~41.4
2	1.6~3.3	8	17.2~20.7	14	41.5~46.1
3	3.4~5.4	9	20.8~24.4	15	46.2~50.9
4	5.5~7.9	10	24.5~28.4	16	51.0~56.0
5	8.0~10.7	11	28.5~32.6	17	56.1~61.2

附录 E 铁路沿线各测站瞬时风向频率(风频玫瑰图)

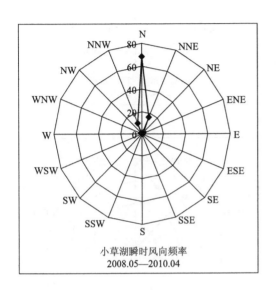

小草湖瞬时风向频率
2008.05—2010.04

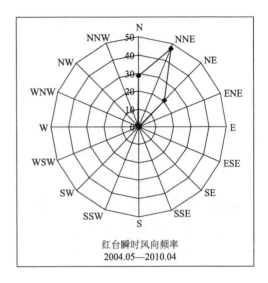

红台瞬时风向频率
2004.05—2010.04

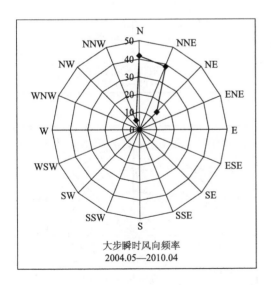

大步瞬时风向频率
2004.05—2010.04

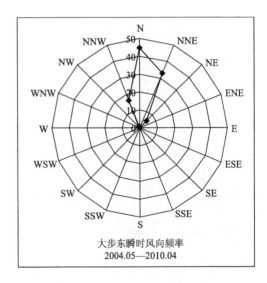

大步东瞬时风向频率
2004.05—2010.04

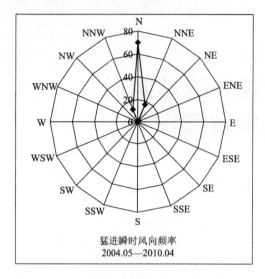

猛进瞬时风向频率
2004.05—2010.04

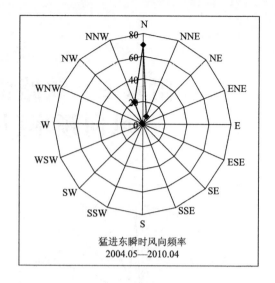

猛进东瞬时风向频率
2004.05—2010.04

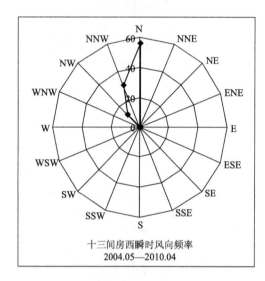

十三间房西瞬时风向频率
2004.05—2010.04

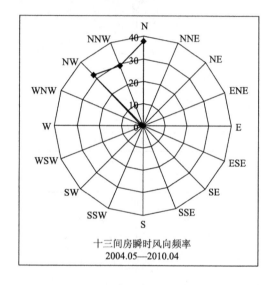

十三间房瞬时风向频率
2004.05—2010.04

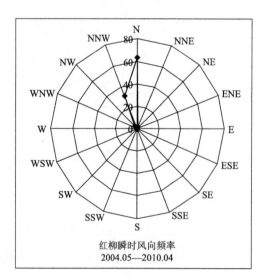

红柳瞬时风向频率
2004.05—2010.04

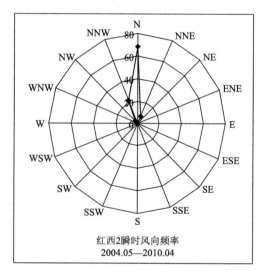

红西2瞬时风向频率
2004.05—2010.04

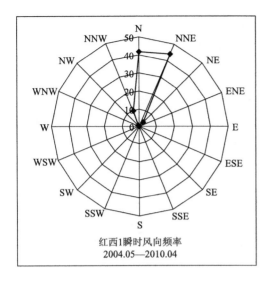

红西1瞬时风向频率
2004.05—2010.04

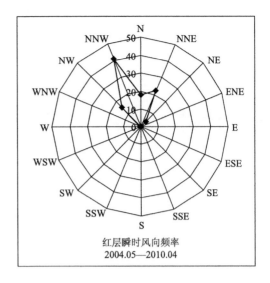

红层瞬时风向频率
2004.05—2010.04

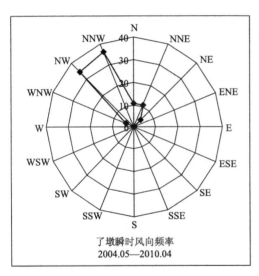

了墩瞬时风向频率
2004.05—2010.04

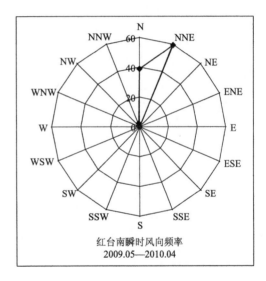

红台南瞬时风向频率
2009.05—2010.04

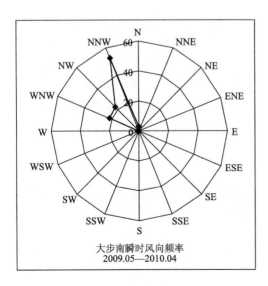

大步南瞬时风向频率
2009.05—2010.04

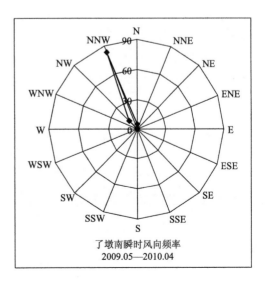

了墩南瞬时风向频率
2009.05—2010.04

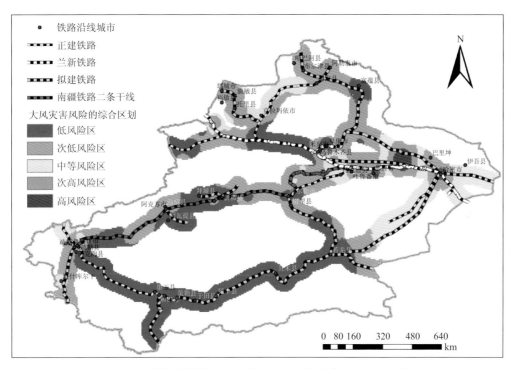

图 2.3　新疆铁路沿线 50 km 缓冲区内大风灾害危险度空间分布

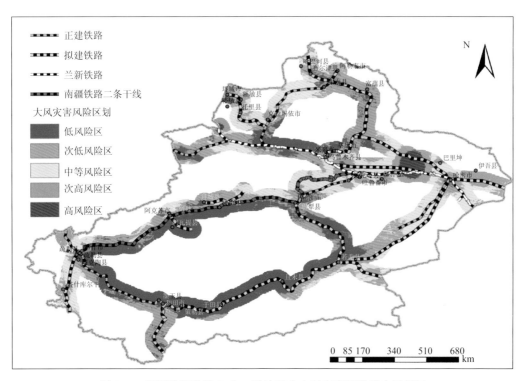

图 2.4　新疆铁路沿线 50 km 缓冲区内大风灾害风险综合区划图

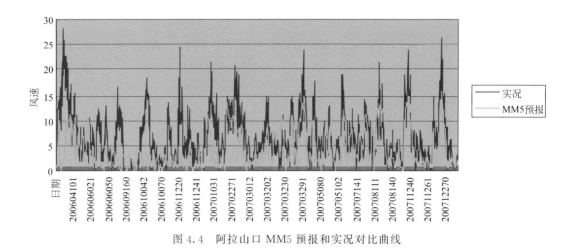

图 4.4　阿拉山口 MM5 预报和实况对比曲线

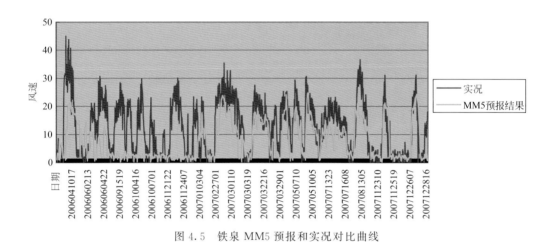

图 4.5　铁泉 MM5 预报和实况对比曲线

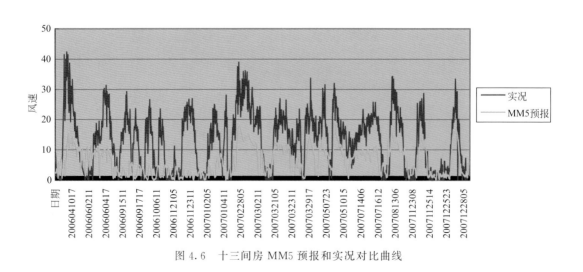

图 4.6　十三间房 MM5 预报和实况对比曲线

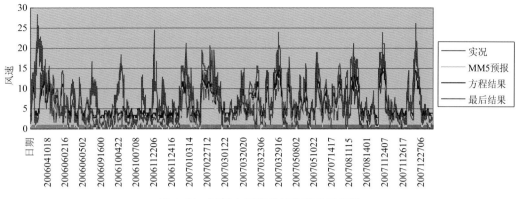

图 4.10　阿拉山口预报和实况对比曲线

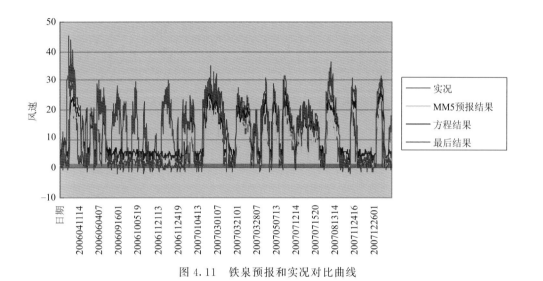

图 4.11　铁泉预报和实况对比曲线

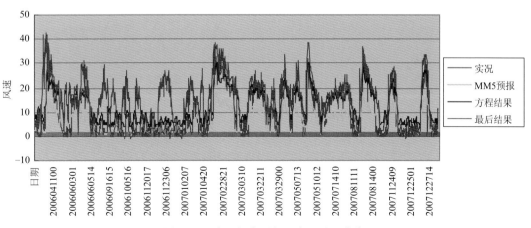

图 4.12　十三间房预报和实况对比曲线

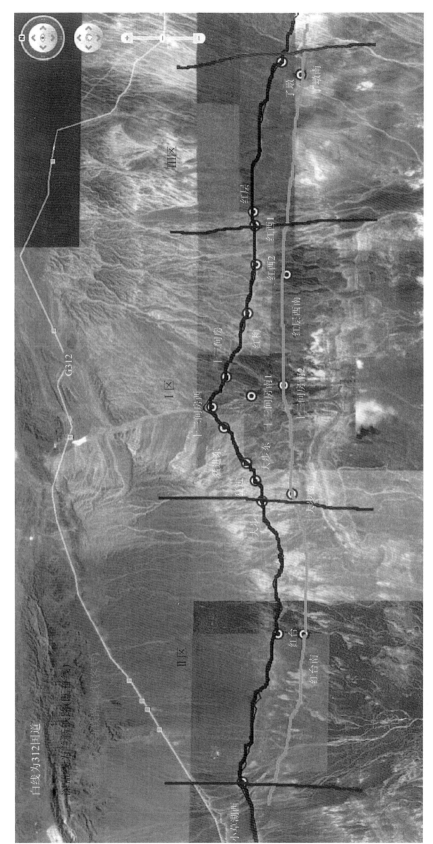

图 6.6 "百里风区"风压分区示意图